Die Anstaltsbehandlung

der

Tuberkulose der Atmungswege.

Dritte Auflage des Buches:

„Die Behandlung der Lungenschwindsucht
in geschlossenen Heilanstalten“
von Dr. P. Dettweiler

im Auftrage des Verfassers völlig neu bearbeitet
und herausgegeben

von

Dr. Gustav Besold,
2. Arzte der Heilanstalt Falkenstein i. T.

Berlin.
Druck und Verlag von Georg Reimer.
1902.

Inhaltsübersicht.

Vorwort.

Die folgenden Darlegungen sind hauptsächlich für den praktischen Arzt geschrieben und sollen sowohl einen Begriff geben von dem, was wir unter Anstaltsbehandlung der Tuberkulose der Atmungswege verstehen, als auch eine Anregung sein zu ähnlicher Durchführung der Behandlung da, wo der Kranke aus irgendwelchen Gründen nicht in einer Anstalt untergebracht werden kann. Die kleine Schrift ist von mir bearbeitet im Auftrage Herrn Geheimrat Dr. Dettweiler's und bildet eine Neuauflage seines erst 1880, dann 1884 erschienenen Buches „Über die Behandlung der Lungenschwindsucht in geschlossenen Heilanstalten etc.“ Trotz der völligen Neubearbeitung des Stoffes, welche auch in ihrem Tenor wenig Ähnlichkeit mit der alten Auflage aufweisen dürfte, wird jeder Kundige überall die leitenden Ideen Dettweiler's finden, auch wo sein Name oder seine eigenen Worte nicht angeführt sind.

Es ist selbstverständlich, dass mit der Klärung der anatomischen Vorgänge bei der Tuberkulose auch diejenigen therapeutischen Massnahmen eine Abänderung oder Ausschaltung erleiden müssen, welche sich auf nunmehr oder später als unrichtig erwiesene Vorstellungen über das Wesen der Krankheit stützten. Je mehr sich die Kenntnis gerade des Wesentlichen aber an einen Krankheitsprocess vertieft, umsomehr hat der Arzt auf der Hut zu sein, die Berechtigung seiner bisherigen Therapie in all ihren Einzelheiten an den wissenschaftlich gewonnenen Resultaten zu prüfen.

Es werden also auch bei der Behandlung der in Rede stehenden Krankheit Einzelheiten immer Schwankungen unterliegen, sie werden eine Vernachlässigung oder besondere Betonung auch nach der Person des interpretierenden Arztes erleiden, und doch werden bis zur Auffindung eines Specificums und noch länger die Grundzüge der Behandlung, wie sie Brehmer inauguriert und Dettweiler ausgebildet hat, unverändert bleiben.

In voller Würdigung dieser Thatsachen hat der ursprüngliche Verfasser dieses Buches mir für die Neubearbeitung ganz freie Hand gelassen, jene Grundideen im Lichte meiner eigenen Überzeugung und Erfahrung darzustellen.

Hierfür wie für den ehrenden Auftrag der Neubearbeitung überhaupt spreche ich Herrn Geheimrat Dr. Dettweiler auch hier meinen aufrichtigen, herzlichen Dank aus.

Dr. Besold.

Kurzes Geleitwort.

Jedem Leser des vorliegenden Buches wird es begreiflich sein, dass ich diesem mit Freude und Genugthuung einige herzliche Geleitworte auf seinen, hoffentlich erfolgreichen Lebensweg mitgebe. Tritt dieses Werk doch als ein, seit nahezu 15 Jahren für mich und die medicinische Welt fast verschollenes Kind mit ernsteren, gereiften Zügen, doch im Wesen voll des alten humanitären Ernstes vor mich hin. Der Herausgeber hat es als eine 3. Auflage meiner früheren Schrift bezeichnet, aus welcher alle Hauptgrundzüge herübergenommen und mit neuen wissenschaftlichen und eigenen empirischen Errungenschaften völlig selbständig verarbeitet sind. Der aufmerksame Leser und Kenner unserer Sonderdisciplin wird ohne Schwierigkeit das Übernommene von dem Selbständigen zu scheiden wissen, wenngleich gar manchmal das Alte im neuen modernen Gewande schwer wieder zu erkennen sein wird.

Dass das Heutige mit dem Früheren sich nicht immer deckt, ist nach dem Zeitunterschiede der Entstehung beider Schriften und bei zwei so ausgesprochenen persönlichen und ärztlichen Individualitäten wohl selbstverständlich. Auch ich hätte wohl Manches heute anders geschrieben als dazumal. In den Hauptpunkten besteht keine irgendwie erhebliche Differenz.

So gehe denn das neue Büchlein mit meinen besten Glück- und Segenswünschen zum Nutzen vieler Leidensgenossen in die Welt!

Dr. P. Dettweiler.

Einleitung.

Um häufige Wiederholungen im Laufe der folgenden Darstellungen zu vermeiden, möchte ich vor allem meiner Ueberzeugung bezüglich der anatomischen Vorgänge bei der Tuberkulose der Atmungsorgane insonderheit der Lunge Ausdruck geben. Diese Ueberzeugung fusst z. T. auf klinischer Beobachtung, namentlich aber auf den in letzter Zeit von verschiedenen Seiten veröffentlichten Ergebnissen pathologisch-anatomischer Untersuchungen; Ergebnissen, welche in bemerkenswerter Weise mit den aus dem Verlauf der Krankheit gewonnenen klinischen Thatsachen übereinstimmen oder vielmehr diesen letzteren Erklärung und Stütze verleihen.

Während man früher in den sekundären Erscheinungen der Tuberkulose das Wesentliche sah und also auf die Produkte eines chronischen Reizzustandes (alveolares Exsudat etc. etc.) das Hauptgewicht legte, sind wir heutzutage der Ursache dieser sekundären Veränderungen mit all' ihren weiteren Zufälligkeiten ziemlich auf den Grund gekommen. Wir sehen in der Tuberkulose eine specifische Erkrankung im Gebiete des Lymphapparates, an welcher sich der Blut-Gefässapparat mehr oder weniger betheiligt; die Leichtigkeit einer Verschleppung der Krankheit in alle Gewebe des Körpers bedarf dabei keiner weiteren Erklärung. Diese specifische Erkrankung wird — bei sonst hiefür günstigen Bedingungen — verursacht durch den Koch'schen Tuberkelbacillus.

Als Wege der Infektion sind von verschiedenen Seiten verschiedene angegeben worden; welcher von allen der am häufigsten betretene ist, lassen wir dahingestellt; es spricht jedoch manches dafür, dass die primäre Infektion im Bereiche der oberen Atmungswege (für Bronchien scheint es erwiesen) erfolgt. Thatsächlich findet man selten Leichen, bei welchen nicht in einer der Bronchial-Lymphdrüsen ein wenn auch noch so kleiner tuberkulöser Herd entdeckt wird, es erscheinen sogar bei irgendwo vorhandener Tuberkulose diese Lymphdrüsen fast nie frei, bei Lungentuberkulose aber sehr stark von der Erkrankung befallen.

Aehnlich wie bei andern Infektions-Krankheiten erweisen sich die einzelnen Menschen resistent oder schwach oder ganz widerstandslos; am häufigsten scheint das mittlere Lebensalter von der Tuberkulose befallen, am wenigsten resistent gegen dieselbe aber scheint das Kindesalter zu sein. Verschont von der Infektion ist kein Lebensalter, weder der Greis noch das Kind im Uterus. Wann im einzelnen Falle jedoch die Infektion erfolgt ist, wielange sie eventuell „latent" geblieben ist, lässt sich nicht nachweisen; doch ist sicher, dass ein abgeschlossener tuberkulöser Herd sogar Jahrzehnte keinerlei aktive Erscheinungen zu machen braucht. Zur Aktivität scheint ein schon länger vorhandener oder frischer Herd fähig zu werden bei allgemein schlechtem Ernährungszustand, durch welchen eben wohl die Resistenz auch gegen Tuberkulose ganz oder teilweise verloren geht. So erklärt es sich, dass schliesslich sämtliche anderen Krankheiten eine Tuberkulose manifest werden lassen können, welche die allgemeine Ernährung oder speziell die Ernährung eines bestimmten Organs hinreichend schädigen. Ein so geschädigtes Organ wird gewiss auch einer Neu-Infektion zugänglicher sein als ein ganz gesundes mit gesunden Funktionen. So ist es möglich, dass eine katarrhalische Pneumonie die betreffende Lungenpartie zum geeigneten Boden für die Ansiedlung des Tuberkelbacillus macht (Dettweiler u. a.); im allgemeinen spricht die Erfahrung und die Erwägung dafür, dass durch solche Erkrankungen ein schon vorhandener Herd nur mobil gemacht wird; soferne jene katarrhalischen Erscheinungen eben nicht bereits die sekundären Zeichen der vorhandenen, mobil gewordenen Tuberkulose sind. Es erscheint mir überflüssig, hier weiter darüber zu spekulieren oder diejenigen Erkrankungen aufzuzählen, bei welchen erfahrungsgemäss am häufigsten der Ausbruch der Tuberkulose festgestellt wurde, denn diese gelegentlichen Erkrankungen lassen die Tuberkulose oft nur deswegen entdecken, weil sie zur ersten ärztlichen Untersuchung des betreffenden Menschen führen; niemand weiss, ob und wie lange vorher eine tuberkulöse Erkrankung hätte durch Untersuchung und Beobachtung gefunden werden können. Wie schon oben angedeutet, sind vorwiegend die Bronchial- und Hilus-Lymphdrüsen der Lunge von Tuberkulose befallen; der genaue Weg in der Lymphbahn, auf welchem die Tuberkelbacillen dahin kamen, und der andere, auf welchem sie weiter von hier befördert wurden, ist wohl sehr schwer zu finden, weil durchaus nicht der ganze zurückgelegte Weg inficiert zu sein braucht, vielmehr nur da und dort eine Localisation der Tuberkulose, also günstige Bedingungen zum Haften und Entwickeln der Erkrankung sich ergeben. Auf dem Lymphwege den Bronchien entlang bis ins eigentliche Lungengewebe scheinen es die sog. Lymphknötchen zu sein, welche dem Haften der

Tuberkelbacillen und der Entwicklung des Tuberkels förderlich sind (Miliartuberkulose der Lungen).

Bricht ein ulcerierter Tuberkel in das Lumen eines Blutgefässes durch, so ist die Gefahr der acuten, event. allgemeinen Miliartuberkulose eine dringende, die Entstehung derselben jedoch nicht absolut zwingend; es kann auch eine Embolie mit tuberkulösem Material zu wieder umschriebenen metastatischen Herden führen. — Vielleicht findet die Entwicklung von Blutgefässtuberkeln im perivaskulären Lymphraume statt. Eine besondere Vermehrung der Tuberkelbacillen innerhalb des strömenden Blutes ist bisher unwahrscheinlich; eine starke Verlangsamung des Säftestromes dünkt uns zur Etablierung der Bacillen erforderlich. Ob endlich die Infektion gegen den gewöhnlichen Säftestrom fortschreiten kann („retrograd"), oder ob nicht vielmehr diese retrograde Bewegung durch mancherlei Communikationen der Lymphwege vorgetäuscht wird, müssen wir dahingestellt sein lassen.

Die Frage, warum so sehr häufig die Lungen-Spitzen an Tuberkulose erkranken, ist meistens dahin beantwortet worden, dass die Lungenspitzen weniger resistent wären gegen den Bacillus in Folge schlechterer Ernährung (schlechterer Blutversorgung). Wie weit es sich hierbei um die Thatsache schlechter Ernährung oder nur um deren Vermutung handelt, können wir nicht prüfen. Jedenfalls kann man auch so fragen: Warum ist die Tuberkulose meistens in den oberen Lymphbahnen des Körpers (Hals- und Mediastinal-Lymphgefässe) localisiert? — Es liegt die Vermutung nahe, dass die Infection durch die oberen Enden des Respirations- und Verdauungstraktus — gleichviel in welcher Art und Weise — eindringt und eben dann die direkte Nachbarschaft der betroffenen Lymphgefässe und deren nächster Verzweigungen am ehesten gefährdet wird. Es muss nicht auf jeden Fall die Infektion erst durch die Lungen in die entsprechenden Lymphgebiete gelangen, es kann die Infektion der Lymphwege wohl auch in Nase und Hals erfolgen und von da weiter befördert werden, ohne dass in Hals und Nase gröbere, gleich bemerkbare Veränderungen geschaffen wurden. Tuberkulöse Erkrankungen der Tonsillen, wie überhaupt des ganzen Lymphringes im Rachen etc. sind überdies gar nicht so selten einerseits, während andrerseits experimentell nachgewiesen wurde, dass man nach Injektion von Farbstoff in die Tonsillen denselben bis in die Lymphgefässe des Kehlkopfes und noch viel tiefer (Pleurakuppe, Lungenspitze, Mediastinaldrüsen) verfolgen konnte.

Den primären Herd im Körper zu finden, ist wohl eine missliche Sache, denn es können zweifellos zu gleicher Zeit mehrere Niederlagen von tuberkulösem Material erfolgt sein. So ist, nach unserer Auffassung, durchaus kein Grund vorhanden, bei Lungen- und Kehlkopftuberkulose die eine der Lokalisationen immer als sekundär zu betrachten; das kann sie gewiss sein, es kann aber auch sein, dass bei gleichem Alter der verschieden lokalisierten Herde der eine zufällig früher entdeckt wird als der andere, es kann auch sein, dass schwere Ernährungsstörung im Verlaufe der Lungentuberkulose oder Knochentuberkulose einem im Kehlkopf oder sonstwo lokalisierten alten Herd zur Aktivität verhilft.

Jedenfalls möchte ich es als gesucht bezeichnen, von einer durch den tuberkulösen Lungen-Auswurf verursachten sekundären Larynx-Tuberkulose zu sprechen. Man hat, um diese Annahme plausibler zu machen, den Lungenauswurf immer längere Zeit an der Kehlkopfhinterwand sitzen lassen. An dieser hinteren Partie treten nun thatsächlich sehr häufig tuberkulöse Veränderungen auf. Man kann jedoch Auswurf ebenso oft unter der vorderen Commissur, unter den Stimmbändern, auf den Stimmbändern längere Zeit kleben sehen, ja an der Innenfläche der Epiglottis, den aryepiglottischen Falten bis in den Sinus pyriformis, ohne dass dieser Auswurf auf einige Hustenstösse gleich könnte entfernt werden. Ich glaube nicht, dass die Infektion der von Schleim geschützten Schleimhaut von einem in Schleim gehüllten Sputum sehr leicht vor sich geht, selbst wenn das Schleimhautepithel nicht ganz intakt ist.

Merkwürdigerweise sind nun auch die Kranken mit schwerer Lungentuberkulose, die jahrelang infektiöses Material durch den Kehlkopf befördern, thatsächlich nicht öfter mit Larynx-Tuberkulose behaftet, als die durchschnittliche Häufigkeit bei sämtlichen derartigen Kranken angibt.

Man findet — oft sehr schwere — Kehlkopftuberkulose andrerseits bei leichten und bei kaum nachweisbaren Lungenerkrankungen, bei welchen keinerlei Auswurf besteht. Eine wenn auch noch so leichte tuberkulöse Veränderung an den Lungen haben wir übrigens bei Kehlkopftuberkulose nie vermisst. — Dass die Kehlkopferkrankung meistens auf der Seite der kranken Lunge (oder der stärker erkrankten von beiden Lungen) sitzt, können wir nicht bestätigen. — Endlich spricht für eine Infektion des Larynx auf dem Lymphwege die klinische Beobachtung der Kehlkopftuberkulose und das Resultat vieler mikroskopischer Untersuchungen. Es handelt sich in der Hauptsache verhältnismässig selten um eine Erkrankung der Schleimhaut für sich; in der überwiegenden Zahl der von uns beobachteten Fälle waren es unter der Schleimhaut sitzende Wucherungen, welche die erst intakte Decke später durchbrachen und so ulcerierten. Dem entsprechend fanden wir bei zahlreichen anatomischen

Untersuchungen die Hauptmasse der Tuberkel im submucösen Gewebe. Von hier aus schien sich der Prozess an einzelnen Punkten nach beiden Seiten — sowohl gegen die Knorpel wie gegen die Schleimhaut — vorzuschieben. So erklärt es sich leicht, wie oft an zwei getrennten Punkten ziemlich kleine Granulome oder winzige Ulcerationen zu entdecken waren, während unter der intakt aussehenden Schleimhaut beide Stellen durch ausgedehnte Tuberkelbildung in Zusammenhang standen. Ein strikter Beweis freilich für die dargelegte Auffassung ist auch hierdurch nicht geführt.

Bezüglich der anatomischen Veränderungen im Laufe der Lungentuberkulose kann ich mich ganz kurz fassen. Es entstehen aus Zusammenfliessen der sich vergrössernden Einzeltuberkel und Einzelherde allmählich grössere Herde, welche einer Einschmelzung und Verkäsung anheimfallen, während in ihrer Peripherie die Tuberkelbildung weiter geht und das Lungengewebe miteinbezieht. Solche Herde heissen geschlossen, so lange sie mit der Aussenwelt (durch die Bronchien) nicht kommunizieren, während man von offener Tuberkulose spricht, sobald der Herd sich in einen Bronchus hinein entleert hat. Von da an ist eine mit der atmosphärischen Luft in Verbindung gebrachte, von geschwürigen Wänden umschlossene kleinere oder grössere Excavation vorhanden, welche allerdings praktisch erst dann als Caverne angesprochen wird, wenn die Höhlensymptome von aussen durch die physikalische Untersuchung nachgewiesen werden können. Die geschwürigen Vorgänge ermöglichen bei dem ausserordentlichen Gefässreichtum der Lunge sehr leicht eine Blutung, deren Bedeutung nach der Grösse des geöffneten Gefässes und des Innendruckes in demselben (Arterie oder Vene) und nach den Folgeerscheinungen (Propagation der Tuberkulose, „Fremdkörper“-Pneumonie) schwankt. — In der Umgebung des aktiven Herdes, ob geschlossen oder nicht, sind endzündliche Zustände des Lungengewebes vorhanden, welche besonders bei frischen Prozessen oft den Hauptuntersuchungsbefund ausmachen durch Verdrängung der Luft und Secretbildung über meist grössere Gebiete, als die Tuberkelbildung selbst reicht. Solch' entzündliche Erscheinungen bleiben oft noch sehr lange nachzuweisen in der Umgebung von grösseren Cavernen, selbst wenn man Recht hat anzunehmen, dass die Tuberkulose nicht mehr aktiv und gut gegen die Umgebung abgegrenzt ist.

Reicht der genannte entzündliche Reiz oder die Tuberkulose selbst bis an die Pleurablätter, so gibt es Verklebungen und schliesslich Verwachsungen der beiden Blätter, auch ohne klinisch ausgesprochene Pleuritis.

Bricht ein tuberkulöser Herd der Lunge oder der Drüsen in den Pleuraraum durch, so gibt es eine Rippenfellentzündung, welche mit gewöhnlich serösem oder blutigserösem oder mit fibrinösem Exsudate verläuft und zu ausgedehnten Verwachsungen der Pleurablätter und Compression der Lunge mit deren Folgen führen kann.

Tritt gar eine Caverne in Verbindung zum Pleuraraum, so entsteht meist ein Pneumothorax oder Pyopneumothorax.

Die Heilung einer Tuberkulose kann angeblich durch Resorption der miliaren Tuberkel erfolgen. Meistens tritt eine Heilung dadurch ein, dass der tuberkulöse Herd oder ein Conglomerat von solchen gegen die Umgebung abgeschlossen wird, erst durch einen entzündlichen Wall, später durch solides Narbengewebe. Besteht fast nur Narbengewebe vielleicht mit völlig eingekapseltem verkalkten Herde, so spricht man praktisch von absoluter Heilung, während bei sog. relativer Heilung der gut abgegrenzte Herd mit der Aussenwelt kommuniziert, ohne jedoch irgendwelche noch als tuberkulös zu bezeichnende Produkte zu liefern. Solange noch Tuberkelbacillen ausgeworfen werden, sollte man von Heilung nicht sprechen, wenn auch oft der betreffende Mensch in all' seinen sonstigen Funktionen und in seinen Arbeitsleistungen keinem Gesunden nachsteht, und der fragliche Herd oder die Caverne solid gegen die übrige Lunge abgegrenzt ist.

Die genannte Bindegewebsentwickelung ist in manchen Fällen schon von vorne herein so ausgesprochen — während die Bildung schwammiger Granulationsmassen in den Hintergrund tritt —, dass man von fibrösen, knötchenförmigen Bronchopneumonien, von tuberkulöser Lungencirrhose oder Lungeninduration gesprochen hat.

Sehr häufig vergesellschaftet sich mit der Tuberkulose — besonders mit der offenen — eine Infektion mit eitererregenden Bakterien; diese Sekundärinfektion kann so sehr die Oberhand über die ursprüngliche Tuberkulose gewinnen, dass sie das anatomische und klinische Bild vollkommen beherrscht. —

Die Skrophulose erscheint uns als eine Erkrankung des ganzen Lymphsystems, welcher an einer oder mehreren Stellen Tuberkulose zu Grunde liegt. Damit soll nicht in Abrede gestellt werden, dass auch andre infektiöse Erkrankungen des Lymphapparates das Bild der Skrophulose erzeugen können, denen vielleicht die Tuberkulose sich gesellt oder parallel läuft. —

I. Teil.

A. Allgemein Klinisches.

Eine Art Schema des klinischen Verlaufes der Tuberkulose der Atmungswege, insbesondere der Lunge, zu geben, ist kaum möglich bei der enormen Vielgestaltigkeit der Erkrankung. Die zahllosen Verschiedenheiten im Laufe derselben hängen ab einmal von der Art der Infektion und der daraus folgenden anatomischen Veränderungen mit allen Zufälligkeiten, den begleitenden Mischinfektionen grösserer oder geringerer Bedeutung und den Complikationen mit andern Krankheiten, dann aber von der Person des Kranken selbst und seinem Verhalten und den Bedingungen, unter welche er gestellt wird. Jeder Kranke — möchte ich sagen — interpretiert die Lungentuberkulose nach seiner Façon. Nicht nur die psychische Constitution und die Intelligenz, von welchen das zweckmässige oder thörichte Verhalten des Kranken abhängt, sondern vor allem auch die Grösse der individuellen Resistenz des Organismus im ganzen und in seinen einzelnen Zellkomplexen, nach welcher wieder der Effekt des Verhaltens des Kranken schwankt, spielen bei und nach der Etablierung der Krankheit die hervorragendsten Rollen und liefern in den unzähligen Combinationen und Wechselwirkungen aller ihrer Einzelfaktoren ein geradezu proteusartiges Bild des günstigen oder ungünstigen Verlaufes ein und desselben Grundprozesses. Freilich ganz allgemein lässt sich sagen, dass bei schlechtem Verlaufe die Krankheit sich immer weiter ausbreitet und mit oder ohne Complikationen und Eiterungen über kurz oder lang durch Erschöpfung des Kranken zum Tode führt, und dass im günstigen Falle unter Hebung des ganzen Gesundheitszustandes die subjektiven und objektiven Erscheinungen der Krankheit mehr und mehr sich zurückbilden, um eventuell schliesslich ganz zu verschwinden, ohne etwas anderes als leichte Schalldämpfung oder geringe Schrumpfung zu hinterlassen; ferner lässt sich sagen, dass im allgemeinen die Krankheit zu günstigem Ausgange führt, wenn sie frühzeitig bemerkt und berücksichtigt wurde, und umgekehrt ungünstig verläuft, wenn sie gar nicht oder zu spät beachtet wird. Für beide Möglichkeiten existieren wieder Ausnahmen und es heilt schliesslich ein nicht zu ausgedehnter Prozess ohne Kenntnis oder Zuthun des Arztes oder des Patienten und trotz mancher dem Fortschreiten der Tuberkulose förderlichen Bedingungen. Man sieht, wie unsicher eine Prognosenstellung hier sein muss; man wird Voraussagen mit allem Vorbehalt nach längerer Beobachtung erst und nur nach Berücksichtigung sämtlicher uns bekannter Faktoren und Zufälle machen. Etwas vorerst Unberechenbares ist, abgesehen von unglücklichen plötzlichen Ereignissen, nicht nur die Schwere der Infektion, sondern vor allem auch die Leistungsfähigkeit und Resistenz des Organismus.

Diese ausserordentliche Mannigfaltigkeit der Krankheit in jeder Beziehung lässt dieselbe äusserst interessant erscheinen, während sie andrerseits uns die Schwierigkeiten nicht allein der Prognose, sondern namentlich der Behandlung vor Augen führt. Was hier dem einen Kranken recht ist, ist dem andern unter scheinbar gleichen Bedingungen noch lange nicht billig. Es muss den Kundigen wundernehmen, wie generell bei der Errichtung und Führung von Heilanstalten verfahren wurde, fast als ob es sich immer nur um die gleiche Behandlung von ganz einfachen gleichgelagerten Panaritien drehte.

Mögen die folgenden Auseinandersetzungen einen Einblick in die bestehenden Schwierigkeiten und deren Bekämpfung geben; sie mögen auch erklären, warum die Besprechung der Prognose bis ans Ende der ganzen Abhandlung verschoben wird.

B. Untersuchung des Kranken.

Anamnese: Die genaue Kenntnis der Vorgeschichte der Krankheit hat nicht bloss ein wissenschaftliches Interesse, sondern auch eine grosse direkte praktische Wichtigkeit. Die Fragen an den Kranken bezwecken zweierlei: die Auffindung der wahrscheinlichen Infektionsquelle und die Auffindung der das Haften der Infektion und die weitere Entwicklung der Krankheit ermöglichenden — vorübergehenden oder dauernden — Umstände, d. h. der „dispositionellen Momente“.

Wo nicht ganz unzweideutige ärztliche Diagnosen vorliegen, verlasse man sich ja nicht auf zusammenfassende Urteile des Kranken, wenn auch dabei Zeit gespart werden könnte, sondern man strebe bei allem darnach, die Symptome, unentstellt durch des Kranken Vermutungen und Schlüsse, zu eigner Bewertung und Folgerung zu bekommen. Viele Kranke haben den bewussten oder unbewussten dringenden Wunsch, so dazustehen, als sei bei ihnen die Tuberkulose in besonders unberechtigter Weise gegen alles Erwarten entstanden; weder Eltern noch Geschwister noch andere direkte oder angeheiratete Verwandte haben je an irgend einer tuberkulösen Affektion gelitten; dagegen sagen dieselben Kranken, richtig gefragt, alle charakteristischen Symptome, welche den Arzt zu der vom Patienten verneinten Diagnose berechtigen. Viele andere Kranke sind zu schlechte Beobachter und sagen in gutem Glauben die unrichtigsten Dinge. Es hängt also der Wert der Anamnese fast ganz von dem fragenden Arzte ab, der aber in der Absicht, alles Bemerkenswerte zu erfahren, nichts in den Kranken „hineinfragen", d. h. ihn nicht zu einer thatsächlich unzutreffenden Antwort verleiten soll. Trotz der Vorsicht aber, mit welcher eigene Urteile des Kranken aufzunehmen sind, bilden sie doch ein wertvolles Material zu seiner Charakterisierung, dürfen also von dem Arzte, dem daran liegen muss, seinen Kranken in jeder Beziehung möglichst bald und gründlich kennen zu lernen, nicht zu weit unterdrückt werden.

Man wird — nach dem eingangs Gesagten — einesteils nach tuberkulösen Krankheiten und nach hygienischen Untugenden sämtlicher Personen fragen, mit welchen der Kranke verwandtschaftlich oder beruflich oder gesellschaftlich in nahem, häufigem Verkehre stand, man wird auch vorerst noch die Möglichkeit der Infektion von Tieren aus im Auge behalten; anderenteils sucht man sich ein möglichst klares Bild von dem ganzen Leben des Patienten, den überstandenen Krankheiten und seinem Verhalten in allen Einzelheiten zu machen.

Von besonderer Wichtigkeit sind natürlich die Angaben über Vater, Mutter und deren Eltern; nicht bloss sämtliche Krankheiten, sondern auch schädliche Gewohnheiten derselben (Trunksucht u. s. w.) vor und während der Ehe, und Erkrankungen und unzweckmässiges Verhalten der Mutter während der Schwangerschaft sind zu berücksichtigen, ebenso aber Schädlichkeiten, welche durch eine Amme erwachsen können. Ferner liegt für das sich weiter entwickelnde Kind eine Menge der Gefahren in dem Zusammenleben mit Angehörigen und andern Personen und in mangelhaften Wohnungsverhältnissen: enges Zusammenschlafen, schlechte Luft, keine Sonne, ungenügende Nahrung, schmutzige, gar oft mit Auswurf besudelte Fussböden, auf welchen die Kleinen, die alles anfassen oder direkt in den Mund stecken, spielen, dann unsaubere, unhygienische Schulverhältnisse, zu enges Zusammensitzen und intimer Verkehr mit fremden, vielleicht kranken Kindern, kranke und oft unreinliche Lehrer[1]) u. s. w. Solche Schädlichkeiten wiederholen sich im weiteren Leben des heranreifenden Menschen immer von neuem in Werkstätten, Bureaux, Eisenbahnen und anderen allgemeinen Beförderungsmitteln, Kasernen, Kirchen etc. etc., schliesslich auch in Laboratorien, Krankenhäusern und dergl.

Bei sämtlichen der angedeuteten Möglichkeiten besteht nicht nur die Gefahr der Infektion, sondern auch die Gefahr der Erwerbung einer Disposition und zwar bestehen diese Gefahren für das intra- wie namentlich das extrauterine Leben.

Vorübergehend kann man für die Tuberkulose disponiert werden durch sämtliche akute Krankheiten oder andere vorübergehende heftige Ernährungsstörungen oder Schwächungen des Körpers (so auch Mutterschaft), eine dauernde Disposition zur Tuberkulose — soweit eine hereditäre Belastung nicht in Betracht kommt — erwirbt man durch sämtliche chronische Krankheiten und dauernde schwächende Gewohnheiten aller Art. Als disponierende Momente sind

[1]) Ich erfuhr über einen mit schwerer Lungentuberkulose behafteten Lehrer, dass er die Gewohnheit hatte, sich neben seine kleinen Schülerinnen da und dort in die Bank hineinzusetzen und sie zu küssen; ausserdem spuckte er allen Auswurf auf den Fussboden.

daher auch zu zählen anhaltende Anstrengungen und starke Gemütsbewegung (kein Appetit, schlechter Schlaf), weil im Körperhaushalt das eine Mal zu viel ausgegeben, das andere Mal zu wenig eingenommen wird. — Hat man sich über das Vorleben des Kranken genau orientiert, dann fragt man nach allen näheren Bedingungen bei Beginn der aktuellen Erkrankung. Man begnüge sich nicht mit der Angabe eines bestimmten Termins, ohne genau zu forschen, ob denn der Patient auch vor dem genannten Zeitpunkt völlig gesund war oder ob er, wenn auch ganz kleine, Unregelmässigkeiten in seinem Zustande bemerkt hat: auffallend häufiges Räuspern (bes. bei nichtrauchenden Damen), leichte Ermüdbarkeit der Stimme wie des ganzen Körpers, wiederholte und mit einer scheinbaren Regelmässigkeit auftretende Schnupfen, Druck oder Stechen zwischen den Schulterblättern, Herzklopfen; Kopfschmerzen, leichtes Schwindelgefühl bei raschem Aufstehen, echte Migräne, allgemeine Unlust zu allen Beschäftigungen, grosse Schwankungen des psychischen Gleichgewichts ohne triftige Gründe; Appetitmangel, Schlaflosigkeit, Gewichtsabnahme, Nachtschweisse. Manchmal hat der Kranke auch schon längere Zeit an Neuralgien im Gebiete des Trigeminus, Plexus brachialis, der Interkostalnerven etc. gelitten.

Von besonderer Wichtigkeit ist es natürlich, von irgendwelchen früheren tuberkulösen oder skrophulösen Erkrankungen zu hören (Analfistel).

Von Symptomen, welche direkt auf die Atmungsorgane hinweisen, ist vor allem der Husten und Auswurf zu nennen; es wird manchmal berichtet werden, dass die Kranken Auswurf haben, „aber keinen Husten“, noch öfter aber kommt die Angabe: „ach ja, gehustet habe ich schon, aber auch nicht mehr als jeder Gesunde hustet“; blutiger Auswurf wird nur selten von dem Kranken zu erwähnen vergessen, ebenso Rippenfellentzündung und andere irgendwelche schmerzhafte oder auch nur unbequeme, vielleicht ganz unwichtige Empfindungen.

Man wird bei genau aufgenommener Anamnese finden, dass die Krankheit viel länger schon existiert, als es dem Kranken zur Kenntnis gekommen ist. Die Zeit, die eine Anamnese erfordert, ist besonders bei zerfahrenen unklaren Personen keine geringe, aber die Ausbeute ist gewöhnlich eine lohnende, nicht allein wissenschaftlich — wie gesagt —, sondern auch praktisch. Es ergeben sich aus der Vorgeschichte schon alle diejenigen der Krankheit förderlichen, also künftig zu vermeidenden Schädlichkeiten, welchen der Patient ausgesetzt war oder sich selbst aussetzte; es ergibt sich ein Einblick in den Charakter des Patienten und damit ein Anhaltspunkt für die Art, wie der Kranke beraten und überwacht werden muss, es ergeben sich endlich prognostische Merkmale insofern, als manche zur Krankheit disponierende Schädlichkeiten entweder für künftig ausgeschaltet werden können oder, nach äusseren Umständen oder nach dem Charakter der Person, als unvermeidlich erscheinen.

Die körperliche Untersuchung hat sich nicht blos auf Lunge und Herz, sondern auf den ganzen Organismus zu erstrecken, die besondere Aufmerksamkeit allerdings bleibt dem Respirationssystem. Ich möchte darauf verzichten, weitläufig die bekannten Untersuchungsmethoden aufzuführen und zu beschreiben; nur bezüglich der Untersuchung der Atmungsorgane scheinen mir genauere Ausführungen sehr nötig zu sein. Denn abgesehen von mangelhafter Beobachtung ist es meist eine sehr mangelhafte Untersuchung, welche zu verspäteter Behandlung des Kranken und zu falscher Prognose führt. Es sei hier ganz offen ausgesprochen, dass oft ohne bestimmtes Verlangen des Kranken überhaupt nicht untersucht, sondern sogleich ein Rezept geschrieben wird. Gewiss wollen manche Kranke gar nicht untersucht werden, und solange es sich um ambulante Praxis handelt, kann auch nicht früher untersucht werden, als eben der Patient den Arzt aufsucht. Allein dem Haus- und Familienarzt kommt es zu, seine Schutzbefohlenen zu überwachen, zu rechter Zeit auf eine Untersuchung zu dringen oder diese Untersuchung beliebig zu wiederholen, und die Verdächtigen zu beobachten.

Wie bei allen Untersuchungen wird die Inspektion das erste sein. Sie beginnt in dem Momente, wo der Kranke oder Arzt ins Zimmer tritt: wenig Blicke sagen schon sehr viel über Ernährung und Kräftezustand, Hautfarbe, Atmung; besonders während der Kranke sich auskleidet, hat man seine energischen oder langsamen Bewegungen, seine vielleicht gesteigerte Atmung, seine leichte Erregbarkeit und dergl. bemerkt; es ist deshalb nicht richtig, wenn z. B. für Damen ein eigenes Auskleidezimmer besteht; das Ankleiden kann immerhin dann in Abwesenheit des Arztes geschehen, doch ist das Ablegen der Kleider aus obigen Gründen in Gegenwart des Untersuchers von thatsächlicher Wichtigkeit, denn zugleich wird auch hiebei ein Urteil ermöglicht über Art und Zweckmässigkeit der ganzen Kleidung. — Es ist leider immer noch nicht überflüssig geworden, daran zu erinnern, dass auch die berühmtesten Ärzte nicht fähig sind, durch Korset und Hemd, oder — was auch schon dagewesen ist — durch eine Pelzjacke hindurch zu untersuchen. Diese Art der „Untersuchung“ verdient den Namen der Charlatanerie. Ebenso unzulässig ist es, blos soweit zu untersuchen, als der Hemdausschnitt bei Damen es erlaubt; die Grösse des Halsausschnittes gibt keinen Anhaltspunkt für die Ausdehnung der Erkrankung. Vorkommnisse der merkwürdigsten Art rechtfertigen es auch hier, das Selbstverständliche hervorzuheben: der ganze Oberkörper hat bei Untersuchung der Brustorgane völlig entblösst zu sein. Ist die Haut feucht, so wird sie mit einem rauhen Tuche trocken gerieben. Es wird die Inspektion fortgesetzt, welche mit der Palpation zusammen alles Auffällige an Vertiefungen, Einziehungen, Erhöhungen feststellt und Thoraxform, Lage des Herzstosses, Atmungsbewegung auf beiden Seiten beachtet. Hiebei vergesse man nicht, auch der Färbung der Haut (Cyanose) und etwaiger Verdickung der Fingerenden (Trommelschlägelfinger) sein Augenmerk zuzuwenden. Selbst die Nase hat bei der Untersuchung zu thun; nicht blos, dass sie eine Vermutung einer Unreinlichkeit bestätigt, vielmehr meldet sie oft einen charakteristischen Sputumgeruch der Atmungsluft des Kranken und orientiert nicht selten schon über gleichzeitig mit einer Tuberkulose bestehenden Diabetes mellitus.

Auf die Deutung der oben angeführten, für Inspektion und Palpation auffälligen Befunde brauche ich wohl nicht näher eingehen. Nur das sei bemerkt, dass man den sog. paralytischen Thorax mit spitzem epigastrischen Winkel zu häufig vermisst, um ihm eine besondre andre Deutung als die seiner mangelhaften Entwicklung beizulegen.

Die Percussion ist mit ganz besondrer Sorgfalt auszuführen. Es genügt nicht, plumpe Dämpfungen oder deren Abwesenheit festzustellen, für die Frühdiagnose handelt es sich um manchmal recht unscheinbare Schalldifferenzen. Von besonderer Wichtigkeit ist die Erscheinung des „entspannten“ Schalles, weil sie zu Irrtümern Veranlassung geben kann; denn nicht der etwas kürzer dauernde und musikalische höhere, sondern der tiefere und vollere Schall ist der abnorme. Sehr oft sind beiderseits Dämpfungen; es ist dadurch gewiss der Vergleich zwischen rechts und links erschwert, doch wird man auf der Seite der geringeren Ausdehnung der Erkrankung besonders vorne unterhalb der Clavicula nicht selten guten normalen Schall finden, der dem weniger Geübten Anhaltspunkte liefert. Dem reichlich Geübten freilich wird es eben nicht schwer fallen, auch ohne Möglichkeit eines Vergleiches zu hören, ob der Schall gut ist oder nicht, vor allem aber wird er es fühlen. Der perkutierende Finger besonders empfindet bei gesunder Lunge das sehr charakteristische Gefühl, dass die erschütterten Partien sich leicht in entsprechende Schwingung versetzen lassen — entsprechend der normalen Spannung und dem normalen Luftgehalt der intakten Lunge; es kann ganz gut auch entspannter Schall und Tympanismus gefühlt werden. Man untersuche deshalb nur mit den Fingern. Ein gewisses Fühlen ist mit der Plessimeter-Stäbchen-Perkussion natürlich auch möglich; sie wird niemals über Resistenz eines Exsudates im Unklaren lassen; sehr feine Differenzen jedoch gehen beim Instrumente verloren. Bei der Percussion ist der perkutierte Finger mit einigem Druck aufzusetzen, um — so gut es möglich ist — mit der Thoraxwand zu einem schwingenden System zu werden, sonst gibt es zuviel sog. „Fingerschall". Der perkutierende Finger führe alle Schläge recht elastisch „aus dem Handgelenke" aus. Der Finger-Perkussion am nächsten steht noch die Perkussion des aufgelegten Fingers mit dem Hammer. Vielleicht wird es dem weniger Geschicklichen sogar leichter, mit Hammer die erwünschte Elastizität des Anschlages herauszubringen. Dass der Finger nicht überall bequem aufgelegt werden könne, ist nicht richtig; wenn bei starker Vertiefung der Fossae supraclaviculares der Zeigefinger (er hat die freieste

Beweglichkeit) oder auch der 4. Finger nicht völlig anliegt, so perkutiere man diese Fossae von hinten her.

Crescendo und decrescendo zu perkutieren ist sehr empfehlenswert; es gibt gute vergleichende Schlüsse über die Leichtigkeit, mit welcher das perkutierte Gewebe anschwingt. Man perkutiere in Rücksicht auf den Kranken nie stärker, als wirklich nötig ist; nicht selten ist eine auch schonende Percussion über erkrankten Partien (Pleura) schon schmerzhaft.

Der durch stärkere Muskelwülste „vorgetäuschten" Dämpfung wird m. E. zu viel Bedeutung beigelegt; gar nicht statt hat diese Erwägung in der Oberschlüsselbeingrube. Schwierigkeiten in der Beurteilung des Schalles entstehen viel eher durch Verkrümmungen der Wirbelsäule und des Brustkorbes.

Die Auscultation ist für den Kranken der schwerste Teil der Untersuchung, manche werden bei sehr tiefer Atmung leicht schwindlig; es ist zweckmässig, bei Schwächeren nach der Percussion der Brust gleich die Auscultation derselben Partie anzuschliessen und dann beides ebenso für den Rücken vorzunehmen; auch die Untersuchung des Herzens lässt sich sehr gut zwischen einzelne Teile der Lungenuntersuchung einschalten (Apnoe).

Es herrschen bei der Ausführung der Auscultation noch verschiedene Gepflogenheiten, so dass ich mich veranlasst fühle, hier etwas ausführlicher zu werden. Bei der Auscultation bezweckt man, normale wie abnorme Geräusche zu vernehmen oder die Abwesenheit jeglichen Geräusches festzustellen. Die Entstehung dieser Geräusche hängt jedoch natürlich von der Bewegung des auscultierten Organes ab. Man wird also, um nicht nur die gröbsten, sondern auch die feinsten Geräusche zu vernehmen, die hiefür wesentliche

Bewegung des Organes zu verstärken suchen. Das geschieht für die Lunge vorerst durch vertieftes Atmen. Bei der Atmung verschiebt sich einerseits die Lunge mit ihrem Überzug an der Costalpleura und dem Pericard, so dass hier Geräusche bei Unebenheiten dieser „Gelenk“flächen entstehen, andrerseits erzeugt die in die sich ausdehnende Lunge einströmende atmosphärische Luft schon unter gewöhnlichen Verhältnissen bestimmte Geräusche, die bei Krankheitsvorgängen in ihrem normalen Charakter verändert werden, während gleichzeitig direkt fremdartige Geräusche sie begleiten können. Diese letztgenannten Geräusche, die Rasselgeräusche, werden sehr häufig nur bei tiefer Atmung, ja manchmal erst durch eine besonders forcierte Exspiration — den Hustenstoss — wahrnehmbar.

Die Rasselgeräusche entstehen durch Mischen einer Flüssigkeit mit Luft; die Luft streicht entweder durch oder über die Flüssigkeit hin; im ersteren Falle genügt, besonders bei dünnen Flüssigkeiten, eine sehr mässige Geschwindigkeit des Luftstromes, um das Rasseln hervorzurufen; sind also Alveolen oder vielmehr feine Bronchien mit solchem Sekret gefüllt, so genügt ein einfach vertiefter Atemzug, jene Geräusche hören zu lassen, sofern nur der Atemzug tief genug war, die eventuellen Verklebungen zu lösen und durchzudringen, eine grosse Geschwindigkeit des Luftstroms kann dabei entbehrt werden. Ganz anders liegen die Verhältnisse, wenn das Sekret zäh ist und gar noch der Luftstrom nicht d u r c h eine Schichte, sondern ü b e r dieselbe hinstreicht. Es ist von andrer Seite zu andrem Zwecke nachgewiesen worden, dass oft sehr grosse Geschwindigkeiten des Luftstromes nötig sind, um eine Flüssigkeit zu bewegen, sie zur Blasenbildung (und zum Verspritzen) zu bringen, und je zäher diese Flüssigkeit ist, desto grösser muss die

Geschwindigkeit des bewegenden Luftstromes sein. Diese einfache Überlegung erklärt, warum in Bronchien zähes und vollends wandständiges Sekret erst bei einer grossen Geschwindigkeit des Atmungs-Luftstromes hörbar wird, ja warum sogar grosse Cavernen als solche nicht gewürdigt werden, wenn die Atmung nicht mit der nötigen Geschwindigkeit bei der Untersuchung vor sich gegangen ist[1]). Daraus erhellt, dass es einen grundsätzlichen Streit — ob Nasen- oder Mundatmung bei der Untersuchung — gar nicht geben kann. Die Nase als verhältnismässig enger und gewundener Vorschaltekanal verlangsamt den Atmungs-Luftstrom in einer Weise, dass derselbe über eine gewisse Geschwindigkeit der Passage nicht hinauskommt. Diese Geschwindigkeit wird in den meisten Fällen noch dadurch eingeschränkt, dass die Nase nicht normal weit ist; die Verbiegungen des Septums mit oder ohne hypertrophische Muscheln (oder gar Gaumenmandeln) beeinträchtigen bis zur schliesslichen Unmöglichkeit die Passage der Atmungsluft. Es ist gar nicht häufig, dass eine Nase weit genug ist, um die Luft in beliebiger Geschwindigkeit hindurch zu lassen. Daraus folgt das physikalische Erfordernis, in der Regel bei der Lungenuntersuchung durch den geöffneten Mund atmen zu lassen, und nur ausnahmsweise durch die Nase. Was von der einfach vertieften Atmung gilt, gilt natürlich auch vom Hustenlassen. Der Kranke wendet das Gesicht bei der Untersuchung nach oben.

Ich habe diesen — ja meist längst bekannten und berücksichtigten — Grundsatz so ausführlich dargelegt, weil manche sehr geübte Untersucher behaupten, es sei ganz

---

[1]) Der Vorsicht halber erwähne ich nochmals, dass es sich um die Geschwindigkeit der eingesogenen Luft, nicht um die Frequenz der Atmung handelt.

gleichgiltig, ob man durch Nase oder Mund atmen lässt; ja noch mehr, es ist sogar die physikalisch betrübende Behauptung aufgestellt worden, es könne durch die Mundatmung bronchialer Atmungscharakter vorgetäuscht werden.

Sehr oft genügt aber die einfach vertiefte und rasche Atmung noch nicht; sie muss bis zum Hustenstoss in ihrer Geschwindigkeit und Kraft forciert werden, sobald es sich eben (wie oben bemerkt) um zähe und geringe Sekretmengen handelt oder sobald die Atmungsluft zu wenig Berührung mit dem Sekret bekommt (z. B. in grösseren Cavernen). Die Erschütterung des Hustenstosses trägt natürlich ebenfalls noch zur Mobilisierung des Sekretes bei. Es ist also ein weiteres dringendes Erfordernis, während der Untersuchung (Auscultation) den Kranken husten zu lassen, lieber etwas zu oft als zu selten; in der Regel wird ein Hustenstoss alle zwei bis drei Atemzüge genügen.

Es ist endlich selbstverständlich, dass der Patient bei der Mundatmung keine stenotischen Geräusche im Rachen oder Kehlkopf machen darf, sonst ist, abgesehen von den störenden Gehörseindrücken, die weite Einströmungsöffnung des Mundes in ihrer Bedeutung für die Atmung wieder aufgehoben.

Die bei der Auscultation sich ergebenden Geräusche sind allerlei Arten von Reibegeräuschen der serösen Häute, allerlei Arten von Rasselgeräuschen in groben bis feinsten Bronchien, endlich verschiedene Arten von Atmungsgeräuschen.

Von Rasselgeräuschen sind trockne von flüssigen zu unterscheiden, sie gehen ihrem Charakter nach in einander über, da sie nur graduell, d. h. durch dünneren oder zäheren Flüssigkeitszustand des Sekretes sich unterscheiden. Beide können „klingen“, wenn sie nur die nötige Resonanz

(Caverne oder benachbarter lufthaltiger Hohlraum) erhalten. Es erscheint uns zweckmässig, mit dem Ausdruck „trocknes Rasseln“ recht sparsam zu sein und ihn zu reservieren für die gröberen, fast knarrenden Geräusche, welche eben äusserst zähem Schleim entsprechen. Der Ausdruck zähes (zähflüssiges) Rasseln entspricht viel häufiger einem Gehörseindruck und physikalischem Verhalten. Ob schliesslich Rasselgeräusche zäh- und dünnflüssig klingen, hängt von dem Gehalt des Sekretes an serösem Material ab.

Dettweiler hat für Rasselgeräusche, besonders für trockene, sehr viele Namen angegeben, die meist als onomatopoetische Epitheta recht bezeichnend sind; einer allgemeinen Einführung derselben können wir in Anbetracht der so verschiedenen Gehörsbegabung der Untersucher nicht unbedingt das Wort reden. Ist man doch manchmal schon froh, wenn überhaupt nur „Rasseln“ gehört wurde.

Zur Auscultation bedient man sich des Ohres direkt oder durch Vermittlung des Stethoskopes; dieses Instrument soll möglichst einfach konstruiert sein und hat besonders da Zweck, wo das Ohr nicht direkt gut angelegt werden kann. Bezüglich sämtlicher angewandter, besonders mit eigenen Membranen versehener Stethoskope, Phonendoskope etc. etc. möchte ich den Standpunkt vertreten, dass hier das Entscheidende für die Wahl das bessere oder schlechtere Gehör und die Übung ist. Diejenigen Instrumente, welche die wesentlichen Geräusche verstärken, verstärken natürlich auch die nicht wesentlichen. Von diesen nicht wesentlichen, also störenden Geräuschen möchte ich erwähnen das durch leichtes Knacken von Gelenken und durch Verschieben von Rippen, Muskeln (z. B. Omohyoideus) und Haut (namentlich in den seitlichen Thoraxpartien) unter dem Stethoskop verursachte Geräusch und das oft lästige

Knistern von reichlichen Brust- und Rückenhaaren. Solche Störungen vermeidet man durch Abseitsbewegen und Ruhighalten des Schulterblattes, durch nur sanftes Aufsetzen des Stethoskopes (oder Ohres) — stärkerer Druck ist auch dem Patienten sehr unangenehm —, oder man vernachlässigt sie, sobald man bei grösserer Übung sie als nebensächlich erkannt hat. Wer das Knistern der Haare nicht überhören kann, der befeuchte die Haare mit Wasser oder bestreiche sie mit etwas Vaseline oder Seife.

Ich muss es mir versagen, in ausführlicher Weise auf die Untersuchungsbefunde und deren Deutung einzugehen. Gleiche Gehörsbegabung und gleiche Geschicklichkeit vorausgesetzt, wird doch das Resultat der Untersuchung in seiner Verwertung ein verschiedenes sein nach Erfahrung und der Combinationsschärfe des Untersuchers. Nur ein paar allgemeine Gesichtspunkte mögen Platz finden. Man werde sich immer ganz klar über das Gehörte und versuche jedes Geräusch scharf zu bezeichnen und in seiner Entstehung zu analysieren. Man spreche nicht von „unbestimmtem“ Atmen und vermeide auch bezüglich der Percussion ähnliche Ausreden oder Bequemlichkeiten. Man vergesse vor allem auch nicht, dass, wo bronchiales Atmen hörbar ist, zu gleicher Zeit vesiculäres durch benachbarte weniger kranke oder gesunde Partien sich hereinmischen kann, und bezeichne dann die Atmungsgeräusche, je nach dem Vorwiegen des bronchialen oder vesiculären als bronchovesiculär oder vesicobronchial.

Was die Schlüsse anlangt, welche man von dem Gehörten auf thatsächlich Vorhandenes machen kann, sei folgendes möglichst kurz bemerkt.

Im ersten Beginne einer aktiven Erkrankung an Lungentuberkulose ist der Percussions-Schall ähnlich dem bei allererstem Beginne einer croupösen Pneumonie; je mehr in diesem Falle die Fibrinanschoppung, im ersteren die Tuberkelinfiltration, zunimmt, um so stärker und härter wird die Dämpfung. Mit dem Atmungsgeräusch und dem Rasseln verhält es sich ähnlich: Die anfänglichen Produkte des entzündlichen Reizzustandes, nämlich hauptsächlich seröses Exsudat, liefern Knisterrasseln oder feinblasiges mässig zähes Rasseln bei vesico-bronchialem oder rauh-vesiculärem Atmen (Exspirium verlängert). Je mehr in beiden Fällen die Infiltration (Fibrin-Tuberkel) zunimmt, um so mehr tritt am Orte dieses Vorganges das Rasseln zurück, so dass man oft nur lautes Bronchialatmen hört, während in der Umgebung jenes der serösen Exsudation eigene feine Rasseln wahrnehmbar ist. Löst sich die Pneumonie im einen Falle, schmilzt im andern die Tuberkelanhäufung unter eitriger Entzündung ein, so wird beide Male der Percussionsschall wieder heller bei leichtem Tympanismus, während gleicher Zeit die Rasselgeräusche mittelgrossblasig werden und flüssig sich anhören. Bis hieher, sieht man also, besteht eine gewisse Parallele zwischen acuter croupöser Pneumonie und activ fortschreitender Tuberkulose, nur dass natürlich, entsprechend dem Charakter der anatomischen Vorgänge, die Dauer der Änderung jener Befunde eine ganz verschiedene Zeit in Anspruch nimmt und bei der Tuberkulose meist ausserordentlich langsam abläuft. Schliesslich hört man bei günstigem Ablaufe der Pneumonie wieder jenes feine Rasseln, das endlich verschwindet. Bei der Tuberkulose tritt in dem oben angenommenen Falle der eitrig-entzündlichen Einschmelzung am Orte der Destruction grossblasiges feuchtes klingendes Rasseln bei weich-bronchialem oder amphorischem Atmen auf, während in der Umgebung dieser kleinen Caverne jenes entzündliche feine Rasseln bei vesiculärem Atmen sich hören lässt, in welches das bronchiale mehr oder weniger hereinklingt. Alle diese Geräusche verlieren mit verminderter Heftigkeit der anatomischen Vorgänge an flüssigem Charakter und werden immer zäher und schliesslich trocken. Tritt bei der Tuberkulose keine eitrig-entzündliche Einschmelzung auf, bleibt ein umschriebener Herd für sich ganz abgegrenzt, so wird aus jenem feinen Rasseln in der Umgebung dieses Herdes bald zäheres und trocknes, das Atmungsgeräusch nähert sich mehr dem normalen. In dieser Verfassung trifft man sehr häufig eine Erkrankung, welche erst ganz kurze Zeit in die Erscheinung getreten ist. Jeder frische Nachschub der Tuberkulose aber wird von neuem wieder neuen Reizzustand in seiner Umgebung und damit auch wieder das für letzteren charakteristische feine Rasseln schaffen.

Dass die eben angedeuteten Befunde durch Complicationen getrübt werden, ist selbstverständlich. Davon sei später die Rede.

Die bei der Untersuchung gewonnenen Resultate werden sorgfältig aufgezeichnet. Ich habe hier in Falkenstein vor ein paar Jahren mit Unterstützung zweier Collegen eine Methode der graphischen Darstellung konstruiert, welche sich uns wegen guter rascher Übersichtlichkeit bisher bewährt hat und deshalb mitgeteilt werden möge. Durch zwei Gummistempel (Härtel, Breslau) wird Brust- und Rückenseite des Thorax markiert. Die Dämpfungen werden bezeichnet durch über das Schema hinausragende horizontale Striche, die ihrer Stärke nach die Stärke der Dämpfung vorstellen. Unterbrochne, feine Linie bedeutet ganz leichte Dämpfung („nicht ganz hell“, „leicht verkürzt“ etc.). Die einzelnen Teile der Linie können noch verkürzt und auseinander gerückt werden, so dass eine reichhaltige Abstufung möglich ist. Tympanitischer Schall wird mit τ zwischen den Dämpfungsstrichen **ausserhalb** des Schemas bezeichnet, je nach der Stärke des Tympanismus beliebig unterstrichen; an der gleichen Stelle ein Wi bedeutet Wintrich'scher Schallwechsel.

Die Geräusche sind folgendermassen dargestellt (vesiculäres Atmen **kann** ohne besonderen Eintrag bleiben):

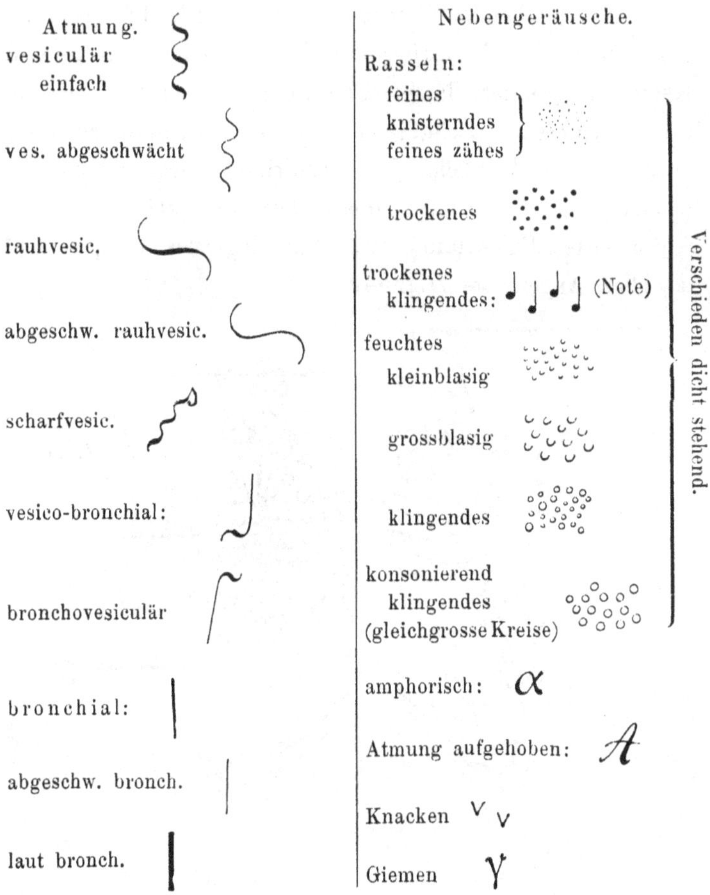

Saccadiert vesic. 

bronch. 

Pfeifen φ

Rhonchus ϱ

Verdacht ?

Nur bei Husten zu hören !

Pleuritisches Reiben ++++

Sämtliche Geräusche werden in das Schema eingetragen.

Aus vorstehenden Zeichen ersieht man leicht, dass dieselben noch beliebig variiert werden können. Soll In- und Exspirium gesondert dargestellt werden, so bedeutet der von links nach rechts schräg nach oben gerichtete Schenkel eines spitzen Winkels das Inspirium, der absteigende Schenkel das Exspirium; dieser letztere verlängert besagt „verlängertes Exspirium“ etc. Ein fingiertes Beispiel soll das eben Angeführte erläutern:

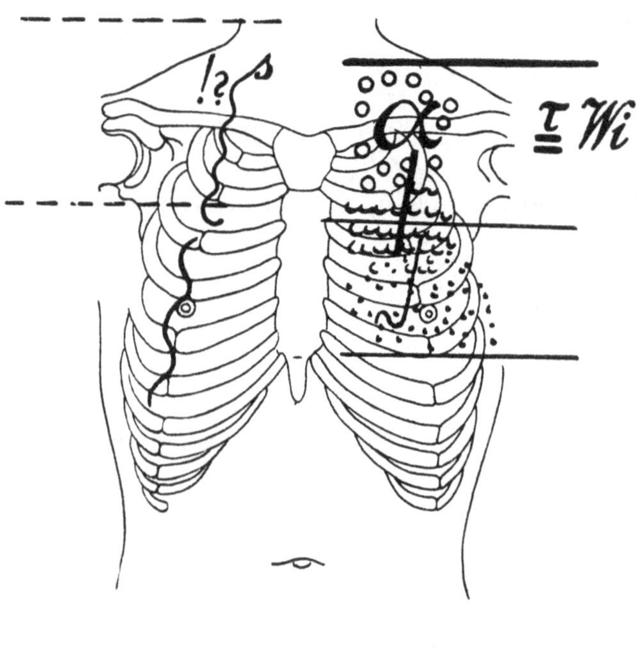

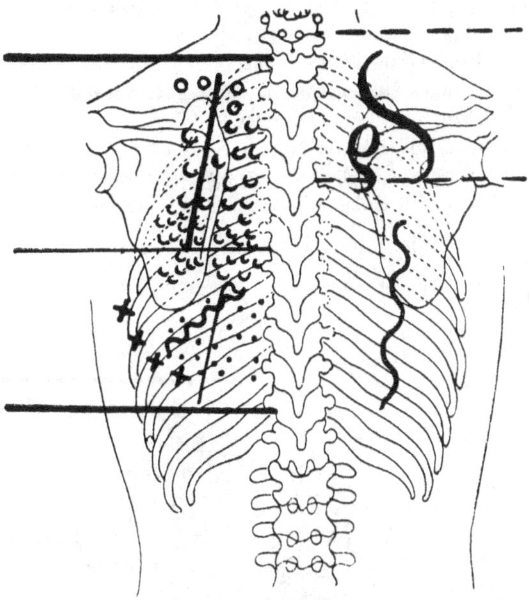

Diese Art des Eintrages hat den Vorteil, mit ein und derselben Tinte und Feder arbeiten zu können Die Bedeutung des Vorstehenden ist folgende:

Rechts vorne: Ganz leicht gedämpft bis 2. Intercostalraum, in gleicher Ausdehnung scharfes vesiculäres Atmen, über Clavicula bei Husten Verdacht auf Nebengeräusch.

Hinten: Dämpfung wie vorne bis 4. Br.-W., Atmung laut rauhvesiculär, zwischen Wirbelsäule und Scapula ein Rhonchus. Sonst rechts nichts Auffälliges.

Links vorne (Spitze tiefer stehend als rechts): stark gedämpft, über Clavicula stark tympanitisch mit Wintrich'schem Schallwechsel; die Dämpfung wird nach unten zu allmählich heller. (Vorhandene Verschiebung der Grenzen kann noch erwähnt werden.) Bis 1. Intercostalraum amphorisches Atmen, von da bis 2. Intercostalraum lautes Bronchialatmen, dann etwas abgeschwächt vesicobronchial. Oben bis 1. Intercostalraum ziemlich zahlreiche klingende konsonierende feuchte Rasselgeräusche; von da bis 3. Intercostalraum dichtstehendes mittelgrossblasiges feuchtes Rasseln (Abgrenzungszone der Caverne), dann bis unten hin kleinblasiges und feines zähes Rasseln in ziemlicher Menge.

Hinten (Tieferstehen der Spitze): stark gedämpft, bis 6. Brustwirbel an Stärke abnehmend, dann nach unten zu wieder stärker. Oben bis 6. Brustwirbel lautes Bronchialatmen mit zahlreichen feuchten grossblasigen, nach unten gegen Mitte der Scapula kleinblasigen Rasselgeräuschen, über Spina klingende. Von 6. Br.-W. nach abwärts vesiculäres Inspirium mit verlängertem broncho-vesiculären Exspirium, mehrere feine zähe Rasselgeräusche; gegen dieseitlichen Partien zu, von unten bis in die Höhe des Angul. scap. pleuritisches Reiben.

An dem folgenden Befunde erkennt man auch ohne Erklärung sofort die Art der Besserung.

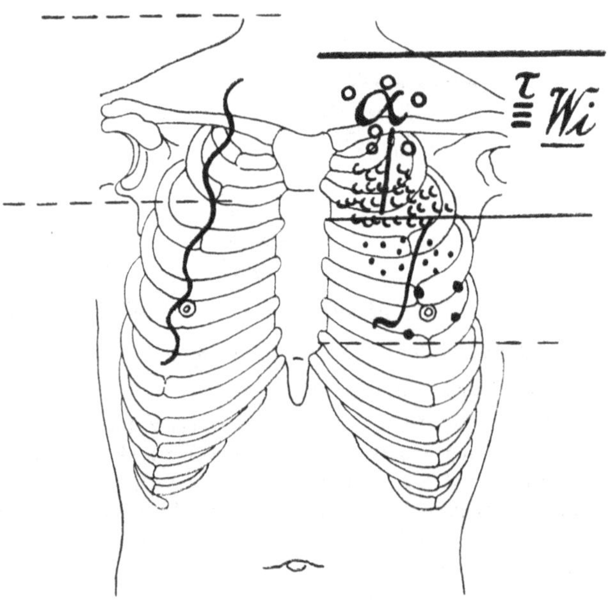

An die Untersuchung der Lungen schliesst sich diejenige der Nase, des Rachens, des Kehlkopfes und Ohres. Dass auch die übrigen Organe (Urin!) berücksichtigt werden müssen, wurde schon oben gesagt.

Bei der Untersuchung des Auswurfes ist zu beachten: Aussehen in Farbe und Bestandteilen, Menge, Geruch, Consistenz, Schichtung; mikroskopisch: sowohl Tuberkelbacillen als andre Bakterien, Eiter- und rote Blutkörperchen, Schleim, Fett, elastische Fasern, Krystalle u. s. w. Es ist davor zu warnen, grosses Gewicht auf die Anzahl der

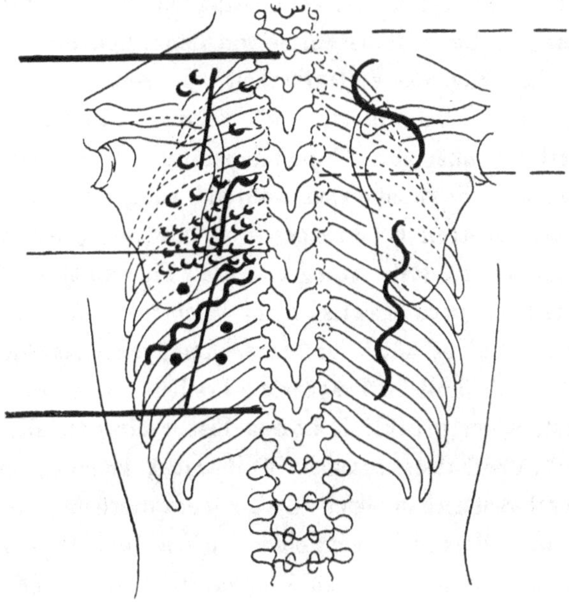

Tuberkelbacillen im Präparate zu legen; denn wenn auch bei rasch sich ausbreitender schwerer destructiver Lungentuberkulose häufig ganz enorme Massen, förmliche Reinkulturen von diesen Bacillen in jedem Präparate bei allen Untersuchungen sich finden, so ist doch ein Schluss von der Anzahl der Bacillen auf die Schwere des Falles oder gar ein Schluss von Verminderung oder Vermehrung jener auf Besserung bezw. Verschlechterung der Krankheit ganz unzulässig. Bei der Untersuchung spielen doch zu viele Zufälligkeiten mit. Im allgemeinen wird man bei diesen Sputum-Untersuchungen ohne Sedimentieren und Centrifugieren auskommen. Die Ausführung dieser letzteren Verfahren kann in jedem Vademecum für Mediciner nachgelesen werden. Der Gehalt des Sputums an elastischen Fasern beweist destructive Prozesse.

Thermometrie. Obwohl bezüglich der Diagnose und Prognose der Lungentuberkulose wie deren Behandlung nicht selten eine allgemeine Unklarheit, ja sehr oft nur ein Tappen im Dunkeln möglich ist, solange man nicht genau orientiert ist über die Körpertemperatur des Kranken und deren einzelne Schwankungen während einiger Wochen, wird doch nach unseren Erfahrungen von nur wenig Ärzten das Thermometer zu Rate gezogen. Ein Thermometer kostet den Kranken doch gewiss nicht mehr als irgendwelche Arzeneien, und es nützt ihm tausendmal mehr als sämtliche Kreosot- und ähnliche Präparate. Freilich merkt es Patient und Arzt, wenn plötzlich hohes Fieber eintritt, allein die bei der Tuberkulose zumeist in Betracht kommenden, für sie charakteristischen leichten Temperaturerhebungen, die noch dazu allmählich sich einschleichen, am Puls fühlen oder an der Zunge sehen zu können, wird doch hoffentlich kein Arzt im Ernste behaupten wollen, noch viel weniger aber merkt sie der Kranke selbst.

Zur Frühdiagnose der Tuberkulose ist das Thermometer unentbehrlich; denn während oft die physikalische Lungenuntersuchung keinen sicheren Anhaltspunkt bietet, gibt nicht selten das Thermometer so unzweideutige Aufschlüsse, dass ich nicht anstehe zu behaupten, es ist ein viel wichtigeres Diagnosticum als die Tuberkulininjektion und erlaubt gar manchmal eine Tuberkulose mit Sicherheit anzunehmen, wo sonst nichts als eben die charakteristischen Temperaturschwankungen bestehen.

Bevor ich hierin Näheres ausführe, muss ich mich eingehend über die Art der Messung selbst verbreiten; denn nur unter gewissen ziemlich zahlreichen Vorsichtsmassregeln haben die gemessenen Temperaturen ihren vollen Wert.

Das Thermometer ist ein sehr delikater Apparat, der von dem Kranken nur nach genauester Belehrung mit Nutzen verwendet werden kann. Man lasse sich die Mühe und Zeit, welche diese Belehrung kostet, nicht verdriessen, man wird in dem Kranken belohnt werden. Erstes Erfordernis ist ein gutes Maximum-Thermometer. Wo nicht die Möglichkeit vorhanden ist, das Thermometer an Ort und Stelle nachzuprüfen, da sollten nur solche mit amtlichem Prüfungsschein gekauft werden. Und auch dieser Prüfungsschein darf nicht älter als ein paar Monate sein, da z. B. innerhalb eines Jahres schon merkliche Veränderungen am Thermometer sich zeigen können. Einesteils verändert sich die Scala je nach dem Material, aus welchem sie gewonnen wurde[1]), andernteils zeigt — auch bei unveränderlicher Scala — jedes noch so gute Instrument mit der Zeit ein wenig (0,1—0,2) höher, da allmählich das dünnwandige Quecksilberbassin dem ständigen Luftdruck etwas nachgibt, während die Quecksilbersäule in die freie Röhre ausweichen kann. Unter Umständen zeigt ein Thermometer im Laufe längerer Zeit bis 0,3° zu hoch. — Jede Quecksilbersäule kann, sobald sie die engste Stelle des Capillarrohres überschritten hat — nach dem Gesetz vom Falle im luftleeren Raume — sich anscheinend von selbst in die höheren Grade bewegen, falls es mit dem

[1]) Ich erinnere mich eines mit amtlichem Prüfungsschein versehenen Thermometers, dessen Scala sich beiderseits von der Mitte gekrümmt hatte, nach oben mit hinterer, nach unten mit vorderer Convexität. Bei der amtlichen Prüfung zeigte das Thermometer richtig; als es in Gebrauch genommen wurde (nicht ganz ein Jahr später), zeigte es in den höheren Zahlen bis zu 1,1° zu hoch, in den tieferen fast ebensoviel zu tief.

Bassin nach oben gehalten, unvorsichtig hingelegt, oder gar in gedachtem Sinne durch eine rasche mit ihm ausgeführte Bewegung centrifugiert wird: das Instrument kann ausserdem völlig richtig sein. Daraus ergibt sich, dass beim Messen bis zum Ablesen immer das Quecksilberbassin die tiefste Stelle des Thermometers sein muss. Das Quecksilber darf nicht sofort nach dem Ablesen, so lange es also noch warm ist, heruntergeschleudert werden, sonst reisst leicht der Faden ab, sondern erst vor der nächst vorzunehmenden Messung. Man gebe dem Kranken kein Thermometer, bei welchem eine grosse Gewalt zum Herunterschleudern nötig ist und mache ihn auch auf eine Reinhaltung des Instrumentes, auf vorsichtiges Aufbewahren, langsames Hinlegen u. s. w. aufmerksam. Endlich wäre noch zu beachten, dass die Aufschrift „Minutenthermometer“ keinerlei praktischen Wert hat, da fast alle Thermometer in oft viel kürzerer Zeit als einer Minute ihren höchsten Quecksilberstand erreichen, sofern sie nur von dem zu messenden Medium vollkommen umschlossen und dieses Medium selbst seine jeweilige Eigentemperatur schon hat. Da diese beiden Bedingungen für die Messungen der Körpertemperatur meist nicht zutreffen, muss eben das Thermometer längere Zeit an Ort und Stelle liegen bleiben. Diejenige Körperpartie, deren Temperatur bestimmt werden soll, darf kurz vorher weder erhitzt noch abgekühlt worden sein.

Die gleichmässigste Temperatur — bei Abwesenheit lokaler Erkrankung — hat gewiss der After; hier ist auch am besten das Thermometer allseitig umschlossen und kann völlig richtig gestellt oder gehalten werden. Hat man — bei ausgedehntem Aufenthalt der Kranken ausserhalb des Zimmers und im Freien und der Notwendigkeit häufig zu messen — nur die Wahl zwischen Achsel- und

Mundmessung, so ist zweifellos die Mundmessung vorzuziehen und zwar aus folgenden Gründen.

In der Achselhöhle wird das Thermometer am unsichersten (verschiedenes Fettpolster etc.) umschlossen; dann aber wechselt die Temperatur in der Achselhöhle so sehr, dass sie in keinem konstanten Verhältnisse zur Aftertemperatur steht, wenn auch im allgemeinen die Differenz 0,3—0,5 beträgt. Das Ausreiben der feuchten Achselhöhle bis zu völliger Trockenheit erzeugt eine Hyperämie der Haut, also eine lokale leichte Erhebung der Temperatur; nach vorherigem Schweiss oder Abwaschen ist die Temperatur der Achselhöhle viel zu niedrig, um halbwegs brauchbare Werte zu geben; endlich schwankt der Füllungszustand der Hautgefässe in viel höherem Grade als der der besser geschützten Schleimhäute.

Die höchste Temperatur zeigt die Achselhöhle nach Aufnahme grösserer Nahrungsmengen und — wenn auch geringem — Alkoholgenuss. So ist es zu erklären, warum zu solchen Zeiten (1—2 Std. nach grösserer Mahlzeit) die Achsel- und Aftertemperatur völlig gleiche Werte ergeben können[1]).

Diese Unzuverlässigkeit der Achselmessung veranlasst uns im Munde zu messen, denn bei richtiger Ausführung dieser Methode erhält man Werte, die in fast völlig konstantem Verhältnisse zur Aftertemperatur stehen; die Differenz beträgt ca. 0,3°.

Das Quecksilberbassin des Thermometers wird rechts oder links vom Frenulum linguae auf den Mundboden gelegt und von der Zunge gedeckt, so dass es rings von

[1]) Ich habe selbst während ein paar Wochen eines zweimonatlichen Gelenkrheumatismus mit drei genau unter sich verglichenen Thermometern gleichzeitig in Mund, Achselhöhle und After gemessen.

Schleimhaut umschlossen ist, die Zähne halten den Schaft des Thermometers leicht fest und in der richtigen Lage (nach oben), während die Lippen sich völlig um den Schaft anschliessend legen. Während der Messung darf nur durch die Nase geatmet, selbstverständlich nicht gesprochen noch dürfen sonst die Lippen geöffnet werden, das Thermometer darf nicht zeitweise herausgenommen werden, sondern hat ohne Unterbrechung mindestens zehn Minuten in seiner Lage zu verbleiben. Bei eintretenden stärkeren Hustenstössen wird die Messung unterbrochen, da die nun stärker hyperämische Schleimhaut etwas höhere (0,2—0,3) Temperatur hat, und wird erst nach einigen Minuten wieder aufgenommen. Etwa eine halbe Stunde vor Beginn der Messung darf weder Warmes noch Kaltes oder chemisch Reizendes mehr die Mundhöhle berührt haben. Im Winter muss berücksichtigt werden, dass die Wangen wie der Mundboden, ziemlich stark abgekühlt, die Mundtemperatur etwas erniedrigen; bei starker Kälte tritt dieser Fehler entsprechend mehr hervor, es ist daher möglichst nur im Innern des Hauses zu messen.

Während und nach einem Spaziergange ist bei manchen Kranken die Mundtemperatur nicht nur nicht erhöht, sondern sogar subnormal. Das gibt Laien und oberflächlichen Beobachtern oft Veranlassung zu behaupten, dass die Körpertemperatur von einer Muskelarbeit keinerlei Steigerungen erfahre. Wo andere Gründe (starke Schweisssekretion) und Messungsfehler ausgeschlossen sind, ist jene Erniedrigung der Mundtemperatur durch lokale Abkühlung hervorgerufen und wird durch vorübergehende oder dauernde Mundatmung und Sprechen verursacht; auch hierbei ist natürlich der Fehler um so grösser, je niedriger die Lufttemperatur wird.

Manchem Leser mögen die vorstehenden Ausführungen

kleinlich erscheinen; allein es sind eben nur kleine Abweichungen der Temperatur, aus welchen weitgehende Schlüsse gezogen werden können, und so müssen auch die Fehlerquellen beim Gewinnen jener Temperaturschwankungen möglichst verringert werden.

Die Messungsresultate werden am besten graphisch dargestellt, wie allgemein in Krankenhäusern üblich. Wir führen in Falkenstein Tabellen, deren eine Seite der Eintragung der Curve, deren andre der Eintragung in einzelnen Zahlen dient. Da wir Wert legen auf das Überblicken eines grösseren Zeitraumes, so haben wir von weit ausgezogenen Curven Abstand genommen und jede einzelne Tabelle auf die Zeit von einem Monat (60 Halbtagen) eingerichtet.

Die normale Temperatur, d. h. die Temperatur des als gesund zu betrachtenden Menschen oder des Geheilten in völliger Ruhe schwankt bei Mundmessung zwischen 36,0° und 37,2° Celsius. Temperaturen, welche niedriger sind als 36,0°, bedeuten bei Ausschluss anderer Gründe Messungsfehler. Temperaturen, welche höher als 37,2° sind, kommen in der Ruhe beim gesunden Menschen unter gewöhnlichen Verhältnissen nicht vor. Es ist jedoch selbstverständlich, dass ausserordentliche Wärmeabgabe die Temperatur des Körpers etwas erniedrigen, wie auch, dass verhinderte Wärmeabgabe, besonders bei erhöhter Wärmeproduktion, die Temperatur steigern kann (z. B. bei Soldaten anf anstrengendem Marsche bei grosser Hitze, „Hitzschlag").

Hat nun ein Kranker nur bei voller Inanspruchnahme seines Wärmeregulationsapparates in der Ruhe eben noch normale Temperatur, so wird die Körpertemperatur bei verminderter Möglichkeit der Wärmeabgabe (heisse Sommertage) oder bei stärker vermehrter Wärmeproduktion (Bewegungen aller Art) über die Grenzen des als normal Betrachteten hinausgehen müssen[1]).

Diagnose. Wenn man daran denkt, wie ausserordentlich die Tuberkulose und besonders die der Atmungswege verbreitet ist, wird man auch zu rechter Zeit sie erkennen; jedenfalls ist bei Verdacht bis zur völligen Klarstellung der Diagnose am besten so zu handeln, als ob Tuberkulose vorläge. Es wird z. Z. immer noch mit dem unglücklichen Ausdruck „Spitzenkatarrh" gearbeitet; praktisch gesprochen gibt es fast keinen Spitzenkatarrh, der nicht der Ausdruck einer Tuberkulose wäre. Die Auscultation ergibt allerdings Anfangs nur katarrhalische Erscheinungen der feinen Bronchien, auch die geringfügigen perkussorischen Veränderungen lassen sich bis zu einem gewissen Grade auf Atelektase infolge Bronchiolitis schieben, aber wir diagnosticieren — wo immer nur möglich — doch nicht die Symptome sondern die Ursache, wie wir beim Magencarcinom nicht bloss Magenkatarrh oder Pylorusstenose oder gar Atonie feststellen, auch begnügen wir uns bei akuter croupöser Pneumonie nicht mehr mit der früheren Diagnose „Seitenstich". — Manchmal hat wohl der Arzt bei Zeiten die Diagnose sicher gestellt, er verheimlicht sie aber dem Kranken und dessen Angehörigen. Eine Entschuldigung für ein solches fahrlässiges Handeln gibt es nicht.

Es ergibt sich aus der Erfahrung über das Schicksal ein- und desselben Patienten und aus Sektionsbefunden, dass zur Annahme eines tuberkulösen Herdes eine deutliche, wenn auch leichte Dämpfung einer oder beider Lungenspitzen bei nur wenig verändertem Atmungsgeräusch genügt. Wer einen solchen Befund aufweist, ist jedoch im praktischen Sinne

[1]) Vergleiche hier die von Penzoldt und seinen Schülern Birgelen und Höchstetter ausgeführten Untersuchungen.

damit noch nicht als krank zu betrachten; es handelt sich vielmehr darum, ob die kranke Stelle völlig in sich abgeschlossen und für die übrigen Lungenpartien und den ganzen Organismus z. Z. bedeutungslos ist, oder ob sie aktiv, d. h. in weiterer Ausbreitung begriffen ist, ob also eine entsprechende Behandlung und eine zeitweise Aufgabe des Berufes nötig ist. Diese Entscheidung herbeizuführen, genügt eine einmalige Untersuchung nicht, der Kranke muss einige Wochen lang beobachtet werden in seinem Ernährungszustand (Wägung des Körpergewichts), muss wiederholt, besonders morgens im Bett vor etwaiger Expektoration, Räuspern etc., Frauen und Mädchen während der Menstruation, untersucht werden, der geringste Hustenreiz bezüglich seiner Herkunft gewürdigt, Appetit, Schlaf, Ermüdbarkeit, Schweiss, Pulsfrequenz u. s. w. müssen beachtet werden. Das wichtigste Beurteilungsmittel aber ist in solchen Fällen die Körpertemperatur. Es muss zweistündlich — bei unruhigem Schlafe eventuell auch ein paar mal Nachts — gemessen werden, um den kleinsten Steigerungen der Temperatur auf die Spur zu kommen. Die Messung geschieht in der Ruhe; falls eine körperliche Leistung vorausgegangen war, muss etwa $^1/_2$ Stunde erst ausgeruht werden. Wenn möglich, messe man im After, sonst im Mund (s. o.). Schwankungen der Körperwärme bis 37,2 (Mund) geben noch keinen bestimmten Anhaltspunkt; wiederholtes 37,3 ist entschieden etwas verdächtig. Wessen Temperatur aber während einer mehrwöchigen (2—3 Wochen) Beobachtungszeit als Maximum 37,4; 37,6, oder gar noch ein paar Zehntel mehr, ohne besondre triftige Veranlassung (auch starke Constipation ist zu beachten) zeigt, wenn dies auch nur kurze Zeit einmal während des Tages oder ein paar mal in der Woche geschieht, der ist meiner Überzeugung nach einer aktiven Tuberkulose äusserst verdächtig, gleichgiltig ob dieselbe geschlossen ist oder nicht. Wo freilich die active Tuberkulose sitzt, ist damit noch nicht gesagt. Diese Reaktion der subfebrilen Temperatur ist — bei Abwesenheit andrer Gründe — so charakteristisch, dass man, falls zum Überfluss noch Störungen des Allgemeinbefindens und allgemeine leichte unbestimmte Krankheitserscheinungen vorhanden sein sollten, m. E. kein Bedürfnis hat, zu einer diagnostischen Tuberkulin-Injektion zu greifen.

Wesentlich einfacher gestaltet sich die Diagnosenstellung wenn irgendwelche — auch die feinsten — sicheren Rasselgeräusche oder auch nur giemende oder sonstige ganz trockene Geräusche über der abnorm schallenden Spitze gehört werden; finden sich in vorhandenem Auswurfe noch Tuberkelbacillen, so ist das Bild ein vollständiges. Es ist dringend immer wieder davor zu warnen, eine Tuberkulose erst anzunehmen, wenn der Nachweis der Tuberkelbacillen erbracht wurde; die physikalische Untersuchung, die Körpertemperaturen und die Beobachtung alles sonst Auffälligen geben viel bessere und zuverlässigere Auskünfte. Von grösster Wichtigkeit endlich ist die Thatsache, dass der beste Ernährungszustand, der beste Kräftezustand und eine oft nennenswerte Leistungsfähigkeit eines Individuums der Annahme einer tuberkulösen Erkrankung nicht im geringsten widersprechen.

Bei vorgeschrittener Tuberkulose ist die Diagnose sehr leicht; man hat sich dabei nur zu hüten, alles nachweisbar Krankhafte für Tuberkulose zu halten, man vergesse nicht die Häufigkeit der Bronchiektasien. Hierüber wie über die Diagnose der Lues sei später die Rede.

C. Behandlung.

Ist die Diagnose der Tuberkulose gestellt, so ist es zweifellos für jeden Kranken das Beste, in eine entsprechende Anstalt gebracht zu werden, und zwar, wenn die Mittel es erlauben, für mindestens so lange Zeit, bis die Krankheit sich im günstigen Falle als auf dem glatten Wege der Besserung befindlich erweist (oft erst nach 4 bis 6 Monaten), jedenfalls aber so lange, bis der Kranke Einsicht in seinen Zustand, eine gewisse Erfahrung in der angstlosen Selbstbeobachtung und Praxis in der Ausführung des für ihn nötigen gesundheitsmässigen Lebens sich angeeignet hat. Dann erst kommen die sogenannten offenen Kurorte in Betracht; aber nie umgekehrt so: erst Bummelei in offenen Kurorten, bei Verschlechterung in die Anstalt. Es ist nicht recht verständlich wie Ärzte, denen das Wohl des Kranken wie das eigene am Herzen liegen soll, sagen können: „Ihre Erkrankung ist so leicht, gehen Sie doch nach der Riviera, die Anstalt bleibt Ihnen immer noch"; oder: „da im Auswurf Tuberkelbacillen nur nach Biedert'schem Verfahren nachweisbar sind, halte ich eine Anstaltsbehandlung nicht für nötig."

Es ist doch wohl ohne besondere Auseinandersetzung von vornherein klar, was die Erfahrung jeden Tag lehrt, dass ausserhalb eines gewissen Zwanges die Kranken in den seltensten Fällen die noch so guten und genauen ärztlichen Anordnungen ausführen, und der nötige Zwang kann eben ausserhalb einer Anstalt nicht ausgeübt werden. Es ist in den „offenen Kurorten" lediglich dem Kranken überlassen, wann und ob er überhaupt zum Arzt gehen will; er wird sich in allem nach seinem subjektiven Empfinden richten, und das meistens vorhandene Wohlbefinden ist vor allen anderen Dingen der Grund, weshalb der Kranke selbst sich für geheilt erklärt zu der Zeit noch vorhandener sogar schwerer Störungen. Ich erspare es mir, noch weiter darüber zu sprechen, ich begnüge mich mit dem Hinweis, dass wohl kein verständiger Arzt leugnen wird, die Beobachtung und Behandlung eines Kranken sei ebenso gut und mit demselben Resultate in der Ambulanz wie in einem Krankenhause durchzuführen.

Die ersten Tage des Aufenthaltes eines Kranken in einer Anstalt sind der Untersuchung und Beobachtung gewidmet. Schon bei der Anamnese hat diese Beobachtung begonnen, um sobald wie möglich im Gespräch mit dem Patienten dessen Charakter und psychische Resistenz kennen zu lernen; man wird hieraus auch beurteilen können, in welcher Weise man dem Kranken die Wahrheit über seinen Zustand sagt und wieviel auf einmal. Wir sind gewiss nicht dafür, sondern halten es für falsch und roh, einen Kranken völlig genau über seinen Zustand zu orientieren, für den die Wahrheit gar keinen Wert mehr hat, doch müssen dann die Angehörigen ganze Wahrheit bekommen. Solange man aber der Überzeugung ist, dass dem Kranken noch genützt werden kann, muss derselbe die volle Wahrheit wissen. Es ist eine gedankenlose Sentimentalität des Arztes, hier Ausflüchte zu machen, die nur zum Schaden des Kranken und zum Mistrauen gegen den Arzt führen. Wie kann man von einem Kranken verlangen, dass er sich von seinem Berufe loslöst und alle möglichen Unbequemlichkeiten auf sich nimmt, dass er eine Zeit lang sich ganz dem Willen eines anderen unterordnet und vielleicht auf den grössten Teil seiner Liebhabereien verzichtet, wenn ihm als einzige Begründung gegeben wird, es handle sich um einen leichten Katarrh, Verschleimung, Magenverstimmung und dgl., was — so wird der schwächliche Eindruck noch verwischt — ja allerdings bald wieder gut sein würde. Von einem denkfähigen Menschen kann ich nicht erwarten, dass er einen grossen Feldzug beginnt gegen ungefähr nichts.

Man vergegenwärtige sich doch, dass es viel besser ist, dem Kranken zu einer Zeit einen psychischen Shock zuzufügen, wo man ihm die besten Aussichten geben kann, falls er energisch vorgeht, und dass es viel schonender auch ist, als ihn im Laufe der Krankheit langsam zu der Überzeugung kommen zu lassen, dass ihm blauer Dunst vorgemacht wurde. Abgesehen von dem Schaden, welchen der Kranke selbst davon hat, ist in solchen Fällen das Vertrauen zum behandelnden Arzt dauernd vernichtet, während im entgegengesetzten Falle das Vertrauen zum wahrheitsliebenden Arzte nur gewinnt. Es ist uns rätselhaft, wie Ärzte wieder an Ärzte schreiben können, man möchte doch dem betr. Kranken ja nicht die Wahrheit sagen, es sei ihm bisher alles verheimlicht worden, der Kranke sei nur mit vieler Mühe dazu gebracht worden, in eine Anstalt zu gehen. Ja natürlich!, ohne Grund geht niemand gerne in eine „Anstalt“. Und wie leicht hat es der behandelnde Arzt, dem Kranken die Wahrheit beizubringen; ein paar ganz schonende Worte eines Verdachtes genügen meist schon, in dem Patienten den gewünschten Gedankengang hervorzurufen, der dann beim nächsten Besuche leise korrigiert oder bestätigt wird, immer so aber, dass der Beratene selbst die richtigen Schlüsse zieht. Wie leicht wird dabei die Überzeugung des Arztes einfliessen, falls er nur selbst von etwas Bestimmtem überzeugt ist. Schliesslich herrscht allgemeine Klarheit und deshalb allgemeines Einverständnis. Was in dieser Beziehung in der Anstalt oft schon in 1—2 Tagen erreicht wird, das kann doch „draussen in der Praxis“ nicht unmöglich sein. Freilich erfordert ein derartiges Vorgehen mehr Zeit als ein Rezept.

Wenn nun aber beiderseitiges Einverständnis zwischen Arzt und Kranken herrscht, dann gibt es bei dem Gros der Patienten keinen ernsthaften Widerstand mehr gegen die Verordnungen. Der Kranke fügt sich dem Willen des Arztes, von dem er Beweise seiner klaren Überzeugung und seines selbstlosen, nur ihm dienenden Handelns sieht. Diejenigen Kranken, bei welchen auch durch die schärfste und härteste Schilderung der Gefahr in grellen Farben keinerlei zweckmässiger Eindruck hervorgerufen werden kann, gehören zu den Seltenheiten.

Nachdem der Kranke ganz genau und peinlich, ohne jede Rücksicht auf Zeitverlust und ohne jede Schablone, unterwiesen ist in allem, was vorerst für ihn im Allgemeinen zu thun sei, beginnt sofort die Ausführung des als zweckmässig Erkannten. Bei jener Unterweisung vergesse man nicht die Technik des Temperaturmessens darzustellen und aufmerksam zu machen auf die Infektiosität des Auswurfs und dessen Beseitigung, die Benutzung der Spucknäpfe, besonders der Taschenspucknäpfe, das Vermeiden des Hustens mit offenem Munde, ohne das Taschentuch vorzuhalten, die Unsitte, in's Taschentuch zu spucken oder gar den Auswurf zu verschlucken. Dies Letztere ist zumeist in den bemittelteren Ständen üblich und wird für einen besonders feinen gesellschaftlichen Tric gehalten. Endlich wird der Kranke belehrt über die Wichtigkeit der Nasenatmung, über Körperpflege und Kleidung, über Ernährung und Verdauung, über die Notwendigkeit der Ruhe. Später folgen aus der genauen ärztlichen Beobachtung entspringend die für die Individualität des Kranken zugeschnittenen besonderen Anordnungen.

Mit der Anordnung und Belehrung allein ist es aber nicht gethan; der Kranke braucht sorgfältige Überwachung. Und diese wird zeigen, wie viel von allen Ermahnungen, von allen Vorschriften und deren Begründung rasch wieder vergessen wurde.

Wie oft ist man doch versucht, „zu der Überzeugung zu kommen“, dass bei dem und jenem alle Mühe und alle Geduld verschwendet ist; wie oft erntet man für seine eigene Geduld von der Ungeduld und Unbändigkeit des Kranken nur Misserfolg und Unhöflichkeiten obendrein, und doch versucht man es immer wieder mit ihm, wie mit einem unartigen aber liebgewonnenen Kinde, von dem vernünftige Überlegung nicht vorausgesetzt werden darf.

Auf das Erfassen der ganzen psychischen und intellektuellen Konstitution des Kranken hat Dettweiler von jeher ganz besonderes Gewicht gelegt. Er schildert die Eindrücke, wie man sie oft schon bei der Untersuchung erhält, sehr anschaulich. „Es entrollen sich da oft prächtige Bilder einer vollen, geschlossenen Individualität, die nur dem Uebermass der gegnerischen Kräfte erlegen ist, und der man nur die Marksteine zu zeigen braucht, um sicher zu sein, dass sie den richtigen Pfad weiter wandelt; noch häufiger aber auch solche, welche die psychopathische Linie streifen oder auch überschreiten. — Wie kann ich glauben, das Denk- und Schlussvermögen eines Menschen durch eine kurze und präcise Anordnung und Zurechtweisung korrigiert zu haben, der mich mit den unglaublichsten Schlüssen traktiert! Wenn ich von einem solchen beispielsweise hören muss: „Herr Doktor, ich gebe ihnen die heiligste Versicherung, dass ich nicht einen Tropfen Weisswein vertrage, ich bekomme unweigerlich sofort Blutspucken darauf.“ — Nun und Rotwein? „O, davon kann ich trinken, soviel ich will.“ Dann weiss ich, dass ich von der Zuverlässigkeit der Beobachtungen dieses Mannes gar nichts zu halten, dass ich mich in jedem Falle auf die meinigen zu verlassen habe. Oder aber, um noch kleineres, oft Erlebtes zu bringen, wenn ein anderer, der mit der grössten Spannung in das Untersuchungszimmer getreten ist, dann während der wichtigsten Auseinandersetzung über seine Krankheit und das einzuhaltende Verfahren unablässig mit den Augen einem verlorenen Hemdenknopfe nachirrt, so ist klar, dass ich es mit einem Menschen zu thun habe, den der geringste Zwischenfall von dem beabsichtigten Ziele ablenkt, dass ich ihn stets im Auge behalten, ihn führen muss.

Ich verachte weder diesen noch jenen um solcher Schwäche willen, sondern ich versuche womöglich mit um so grösserer Schonung und Nachsicht mich in sie hineinzuleben, denn sie bedürfen ihrer doppelt." (1. Auflage ds. Buches, S. 35f.)

Diese Nachsicht und Geduld des Arztes soll aber nie in energielose Gutmütigkeit ausarten; sobald man klar gesehen hat, dass ein Kranker mit einer gewissen Konsequenz sich widersetzt, dass ihm eben dann der Aufenthalt in der Anstalt nichts nutzt, muss er ohne Zögern entlassen werden; sonst gibt er nur schlechtes Beispiel. Manchen Leuten ist einfach nicht zu helfen, selbst wenn die Geringfügigkeit der Erkrankung und die äusseren Verhältnisse die besten Aussichten geben, sie „sterben an ihrem Charakter."

Ob man bei alle dem berechtigt ist, im allgemeinen die Tuberkulösen für „vermindert zurechnungsfähig" zu halten und von „tuberkulös-toxischer Psyche" zu sprechen (Mircoli), möchte ich bezweifeln, wenn es auch selbstverständlich ist, dass bei fortgeschrittenen Krankheitsfällen und Darniederliegen der Ernährung die Funktionen des Centralnervensystems insonderheit des Gehirns keine brillanten sein können.[1])

Endlich sei noch daran erinnert, dass den Kranken die Durchführung einer strengen Lebensweise verschieden leicht oder schwer fällt nach ihrem verschiedenen (lebhaften oder phlegmatischen) Temperament und nach den vorhergegangenen Lebensgewohnheiten.

Die zur Zeit — mangels eines specifischen Heilmittels — ausgeführte Behandlungsweise wird als hygienisch-diätetische bezeichnet. Ich sehe ab von einer historisch kritischen Darstellung der Entwicklung dieser Methode und bemerke kurz folgendes: Brehmer und Dettweiler verdanken wir thatsächlich die Grundzüge der heutigen Behandlung der Lungentuberkulose. Die Ideen des ersteren hat der letztere geklärt und sie in ihren wirksamen Grundsätzen vertieft, z. T. abgeändert und endlich ergänzt, indem er die Freiluft-Ruhekur in die Behandlung eingeführt und zu allgemeiner Anerkennung gebracht hat. Ein besonderes Verdienst Dettweilers scheint es mir ferner zu sein, dass er den Weg fand, von dem rein Persönlichen in der Behandlungsweise Brehmers das wirksame Princip so zu isolieren, dass es auch unabhängig von einem bestimmten Interpreten fast rein mechanisch seinen Segen entfalten konnte. Unter dieser Bedingung konnte die Behandlungsweise Gemeingut aller Ärzte werden, sonst war eine ausgedehnte Heilstättengründung jedenfalls nicht möglich.

Natürlich hat die ganze Methode noch weiterhin eine

---

[1]) Man hat des öfteren schon bei sehr schweren Störungen der Allgemeinernährung, verursacht durch verschiedene Krankheiten, leichte Degeneration in den Hintersträngen des Rückenmarks, namentlich des Halsmarks nachgewiesen.

Klärung und Präcision durch die Schüler jener Männer erfahren und wird sie ferner noch erfahren.

Die Grundideen jener hygienisch-diätetischen Methode bestehen einerseits in möglichster Beseitigung und künftiger Fernhaltung von allgemeinen und von den der Lungentuberkulose Vorschub leistenden Schädlichkeiten, andrerseits in thunlichster Entwicklung der natürlichen Schutzvorrichtungen des menschlichen Körpers gegen die Tuberkulose (Resistenz) durch entsprechend geringe körperliche Ausgaben bei entsprechend vermehrten körperlichen Einnahmen, in ausgedehntem für Lunge, Haut, Nerven wichtigen Genuss reiner erfrischender Luft und in ganz allmählicher Hebung der gesamten Leistungsfähigkeit des Körpers durch vorsichtig gesteigerte an ihn gestellte Anforderungen.

Luft und „Luftruhekur". Der anregende Genuss von unverbrauchter erfrischender Luft, welcher keinerlei schädliche Substanzen beigemischt sind, soll allen Kranken zu gute kommen; solange also der Kranke im Bett liegt und sein Bett nicht — tagsüber — auf einen luftigen Balkon gebracht werden kann, sollen deshalb die Fenster des Zimmers soweit geöffnet sein, dass immer eine ziemlich lebhafte Ventilation entsteht zur Erneuerung der verbrauchten Luft. Je grösser die Differenz zwischen Zimmertemperatur und Aussentemperatur, desto schneller geht der Luftaustausch vor sich, sodass z. B. im Winter die Fenster weniger weit für genügende Luftcirculation geöffnet werden brauchen als im Sommer. Selbstverständlich muss im Winter der Raum genügend geheizt sein, der Bequemlichkeit des Kranken wie der Ventilation wegen, eine Überheizung des Raumes ist unzulässig, sonst geht die allgemein anregende Wirkung der

Luft verloren. Eine Zimmertemperatur sollte 16° Celsius nicht überschreiten, es genügen auch 10°—12° schon, besonders wenn der Kranke im Bett liegt. In sämtlichen übrigen Räumen, in welche der Kranke tagsüber kommt, hat ebenfalls immer reine frische Luft zu sein. Bei richtigem Gebrauch reichlich bemessener Fenster halten wir eine besondere Ventilationsvorrichtung nicht für dringend erforderlich. Wünschenswert sind Ventilatoren in Speisesälen, Lesezimmern und in dergleichen von mehreren Patienten gleichzeitig benutzten Räumen, auch für Einzelzimmer ist ein kleiner elektrischer transportabler Ventilator bei heisser Jahreszeit eine grosse Annehmlichkeit.

Mit Ausnahme der Essens- und Schlafenszeit hat der Kranke, abgesehen von zwingenden Gegengründen, den ganzen Tag im Freien zuzubringen; der Neuling wird stundenweise daran gewöhnt. Leute, welche vorher ängstlich in warmen Räumen eingeschlossen waren, bekommen manchmal leichte Kopfschmerzen bei ausgedehntem Aufenthalt an frischer kühler Luft und geringe Vermehrung des Hustenreizes; beide Unbequemlichkeiten verschwinden jedoch ohne weiteres schon nach den ersten Tagen.

Entsprechend dem obigen Grundsatze von der verminderten körperlichen Ausgabe, entsprechend der Notwendigkeit einer genauen Kenntnis der Körpertemperaturen in Ruhe, hat vorerst jeder Kranke im Beginne der Behandlung, auch der kräftigste, während seines Aufenthaltes im Freien zu liegen; für Schwächere ist das selbstverständlich. Die tägliche Erfahrung widerlegt die Behauptung, es sei zur Aufrechterhaltung des Appetits von vornherein ein gewisses Mass der Bewegung erforderlich.

Von der grössten Wichtigkeit aber ist diese Luft-Ruhekur für Kranke mit frischeren Prozessen, da durch die allgemeine Ruhe des Körpers auch für die lokale Ruhe des kranken Organes insoferne gesorgt ist, als die Atmungsfrequenz sinkt und die einzelnen Atemzüge flacher werden.

Die Notwendigkeit der Ruhe kann nicht scharf genug betont werden; sie wird allerdings von manchen geleugnet, aber eben nur von solchen, welche noch „keinen besonderen" Nutzen von ihr sahen, aus dem einfachen Grunde, weil sie die Ruhebehandlung nicht anwenden; sie wird aber auch leicht vergessen von Ärzten, welche von dem Nutzen der Ruhe überzeugt sind. Solche Ärzte geben oft dem ungeduldigen, nach Bewegung sich sehnenden Kranken nach, weil es ihnen langweilig wird, den Ungeduldigen immer von neuem die triftigen Gründe zu entwickeln und die entsprechende Energie zur Durchführung des als richtig Erkannten aufzuwenden.

Zum Zwecke der Luftruhekur hat man „Liegestühle" aus Rohrgeflecht konstruiert. Diese Liegestühle müssen nicht nur lang, sondern auch breit genug sein und Armstützen haben; sie müssen dem Rücken entsprechend eine Krümmung der Lehne bekommen und eine leichte durch Krümmung bewirkte Stütze für die Knie bieten, sonst stellen sich — bei gestreckten Knien — Steifigkeit und Schmerzen in denselben ein. Ein gutes Rosshaarpolster deckt das Rohrgeflecht; das Polster muss so lang sein, dass auch die Fersen weich gestützt sind. Kleinere Rollen und Kissen sind nötig, um dem Körper eine recht bequeme Lage zu verleihen, bei welcher so wenig wie möglich Muskeln in Aktion zu sein brauchen. An den Armstützen sollen ebenfalls bequeme Polster angebracht werden, sonst leiden die meist spitzen Ellbogen Not. Endlich ist es sehr zweckmässig, die Rückenlehne verstellbar zu machen; eine grosse Beweglichkeit aber soll dem Stuhle im allgemeinen nicht gegeben werden, damit der Unruhe des Kranken nicht Vorschub geleistet wird.

Unter den vielen z. Z. üblichen Liegestühlen scheinen mir das Falkensteiner und das Hohenhonnefer Modell die besten zu sein.[1])

Es wäre sehr zweckmässig, im Winter den Liegestuhl durch ein ganz einfaches unter den Stuhl geführtes Blechrohr anzuwärmen, damit die Polster und Decken, deren der Kranke bedarf, immer völlig trocken sind, was ohne Anwärmung im Winter nicht durchführbar ist. Dieses Heizrohr kann an die Centralheizung durch einen beweglichen Schlauch leicht angeschlossen werden.

Vielleicht gelingt es jemandem auch, ein bequem zu handhabendes Lese-(und Schreibe-)Pult am Stuhle anzubringen; was ich bisher an solchen Versuchen sah, erschien mir beim Gebrauch als recht unpraktisch; endlich wäre zu empfehlen, auf der Seite der weniger gebrauchten Hand einen beweglichen grossen Schirm nicht nur für Sommer sondern auch für Winter zu befestigen, um die im Liegen besonders störende Blendung der Augen durch die von obenher einfallenden Lichtstrahlen zu mildern oder zu beseitigen. Neben dem Liegestuhl steht ein verstellbarer Tisch mit Schrank, oder es ist wohl auch hinter dem Stuhle an einer Wand ein verschliessbares Schränkchen angebracht, in welchem der Kranke alles für ihn fortwährend Nötige aufbewahren soll, damit er nicht alle paar Minuten wieder aufsteht und ins Haus läuft.

Neben der Bequemlichkeit des Kranken im Liegen ist aber sehr viel auf eine richtige Körperhaltung zu sehen; der Kranke liege nie mit nach vorne gerückten Schultern

---

[1]) Sie sind zu beziehen durch: Heinrich Ludwig in Coburg.

ganz zusammengekauert im Stuhl und heruntergerutscht, sondern in freier Haltung. Jede Kleidung, jede Beschäftigung (feinere Handarbeiten z. B.), die eine schlechte Haltung ermöglicht oder erfordert, ist zu vermeiden. Die Beschäftigung des Kranken wird also vor allem im Lesen und Schreiben und — soweit das Sprechen nicht verboten werden muss — in Unterhaltung bestehen; alles soll mit Mass und jedenfalls nie bis zur Ermüdung getrieben werden. Zu verbieten sind mit aller Entschiedenheit aufregende Spiele; sie können nicht alle mit Namen genannt werden, da nicht für jeden jedes Spiel aufregend ist. Zu verbieten sind ferner alle Spiele, die eine rein muskuläre Anstrengung bedeuten, so lange dem Kranken nicht schon ein gewisses Mass der Bewegung gestattet werden kann. Hierher ist auch Musik (Spiel und Gesang) zu rechnen.

Der Liegestuhl soll im Freien so untergebracht sein, dass möglichst viel Luft zu dem Kranken kommen kann, dass er aber vor den gröbsten Winden und vor Niederschlägen geschützt ist. Man hat zu diesem Zwecke Liegehäuschen für eine oder mehrere Personen und Liegehallen errichtet. Solche kleinen Pavillons sind auch für unbemittelte Kranke in deren eigenem Heime auf dem Lande, im Garten etc., leicht mit ein paar Brettern und Segeltuch zu konstruieren, auch ist ein schon vorhandenes Gartenhäuschen ohne Schwierigkeiten zu gedachtem Zwecke umzuwandeln. Wo mehrere Kranke in Pavillons oder Hallen zusammenliegen, ist mit Sorgfalt darauf zu sehen, dass die Liegestühle nicht zu nahe aneinander gerückt werden.

Bewegung. Es herrschen bezüglich der Bewegung eines an Lungentuberkulose Erkrankten so widersprechende Ansichten, dass manche Ärzte ihre Kranken förmlich herumhetzen selbst bei Fieber, andere wieder ihre Patienten fast ganz immobilisieren. Das richtige liegt hier ziemlich in der Mitte, unter der weiteren Bedingung, dass völlige Klarheit über die lokale Erkrankung wie über den Allgemeinzustand herrscht; immerhin möchte auch ich den Grundsatz vertreten: Lieber zu wenig Bewegung als zu wenig Ruhe. Es gilt hier aber ganz besonders die Forderung vom Individualisieren. Wenn man bei alten kaum nachweisbar sich verändernden Tuberkulosen weniger ängstlich zu sein braucht, so ist grosse Vorsicht bei frischeren Prozessen nötig und höchste Vorsicht hat zu walten bei Kranken, welche eben erst das Bett verlassen; es kann sonst der Nutzen einer mehrwöchigen Bettruhe wieder verloren gehen.

Absolute Muskelruhe ist ja natürlich nicht möglich, auch nicht im Bett; aber es besteht doch schon ein merklicher Unterschied zwischen den Muskelleistungen beim Liegen im Bett und beim Liegen auf der Chaiselongue oder dem Liegestuhl. Eine erhebliche Arbeit ist aber schon das Sitzen, das Aufstehen und Ankleiden und endlich das Stehen und Gehen. Man schreite von der geringsten zur stärkeren Muskelleistung so langsam wie möglich fort; man lasse den Kranken am ersten Tage nur eine oder zwei Stunden lang aufstehen und lege, falls alles in bester Ordnung bleibt und der Patient keine nennenswerte Ermüdung beim Zubettegehen fühlt, täglich stundenweise zu, bis endlich das Bett nur mehr für die Nacht benutzt wird. Die ruhige Rückenlage auf der Chaiselongue im Zimmer oder unter günstigen Verhältnissen auf dem Balkon wird, nachdem einige Tage verflossen sind, unterbrochen durch kurzes Aufsitzen zu den Mahlzeiten, weiterhin durch einige im Zimmer hin und her gemachte Schritte. Hat das Krankenzimmer einen gut gelegenen Balkon, so wird die Liegekur einstweilen auf diesem aufgenommen, bis der Kranke fähig ist, heraus ins Freie zu gehen. Ist kein Balkon vorhanden, so wird man den Patienten ins Freie tragen, namentlich ihm alles Treppensteigen ersparen. Anfangs sollen dann auch im Freien nur die dringend nötigen Bewegungen ausgeführt werden. Eine Zeit, wann schliesslich kleine Spaziergänge begonnen werden, lässt sich nicht bestimmen; hier entscheidet eben die Erfahrung des Arztes; jedenfalls beginne man aber lieber einige Tage später, als es thunlich erscheint, denn einen Tag zu früh.

Ist die Körpertemperatur normal (Ausnahmen siehe später), der Ernährungs- und Kräftezustand ein befriedigender und widersprechen keine Gegengründe, so ist dem Kranken ein angepasstes Mass der Bewegung nicht nur erlaubt, sondern nötig und nützlich. Der Kranke soll nicht sowohl möglichst viel Fett ansammeln, sondern er soll eine gewisse körperliche Resistenz und Leistungsfähigkeit bekommen, wozu Übung der Muskulatur im allgemeinen wie namentlich des Herzens nicht entbehrt werden kann.

Unter Berücksichtigung der Körpertemperatur und des Körpergewichtes wird man erst nur ein paar Minuten (10 bis 15) langsame Promenaden auf ganz ebenem Wege ein- bis zweimal des Tages gestatten. Das Tempo, welches angeschlagen werden soll, hat ein Arzt sehr zutreffend folgendermassen angegeben: Man gehe so, als ob man auf jemanden, der aus einem Hause kommen soll, wartete. Mit Vorsicht wird allmählich der Spaziergang verlängert, es werden leichte, endlich grössere Steigungen langsam überwunden. Später kann auch das Tempo eine mässige Beschleunigung erfahren. Ist ein Kranker so weit in der Heilung fortgeschritten, dass man ihm zu seinem Nutzen drei oder gar vier Stunden Spaziergang erlauben kann, so soll auch dieser nicht auf einmal, sondern in zwei oder drei Abschnitten gemacht werden. Immer walte der Grundsatz: Der Kranke soll mit jeder Leistung weit unter seiner Leistungsmöglichkeit zurückbleiben. Bergfexe und Turenrenner sollen nicht ausgebildet werden, sondern es soll der Kranke dahin gebracht werden, die körperlichen Anforderungen des von ihm später aufzunehmenden Berufes leicht und ohne Schaden bewältigen zu können.

Ist der Spaziergang beendet, so tritt die Liegekur wieder in ihr Recht; man ziehe eine scharfe Grenze zwischen zweckmässiger Bewegung und strenger Ruhe und lasse auch die Kräftigen nicht viel herumstehen und sitzen. — Ich habe bisher nur vom Spazierengehen als der Bewegung gesprochen; es ist für den Kranken und Genesenden thatsächlich die beste körperliche Bewegung, weil sie die schonendste ist und nicht nur der Muskulatur der Beine und des Rumpfes, sondern auch der des Herzens die ausserordentlich wichtige Übung und Kräftigung ermöglicht und obendrein am zweckmässigsten die Atmung beeinflusst. Es ist nicht unwichtig, durch leicht vertiefte Atmung einiges Sekret in Bewegung zu bringen und zu entleeren. Deshalb hat auch Dettweiler empfohlen, die auf ihren Liegestühlen vorerst Festgebannten da und dort einige tiefe Atemzüge thun zu lassen; selbstverständlich darf das nicht übertrieben werden, so, dass der Kranke Schwindel und Kopfschmerzen bekommt; auch ist leicht einzusehen, dass jene Erwägung im allgemeinen nur für katarrhalische Zustände der Bronchien und der unteren Lungenpartien zutreffen kann (s. später). Forcierte Atmungsübungen aber, Einatmen in komprimierter Luft u. dgl., besondere Atmungsgymnastik, die eine Erweiterung der oberen Brustpartien bezweckt (allerlei Turnübungen der Arme, Rudern, Fechten,

Schwimmen, dann Gerwerfen, Tennisspielen, Bogenschiessen etc. etc.) sind während des Verlaufes der Krankheit absolut zu verwerfen, weil sie dem natürlichen Heilungsvorgange (der Schrumpfung) entgegenarbeiten, bei frischen Erkrankungen aber wirklich gefährlich werden können (Einreissen des unelastischen brüchigen infiltrierten Gewebes mit irgend welchen Folgen). Aus demselben Grunde ist zu vermeiden alles Springen, Tanzen, Schlittschuhlaufen, Radfahren, Fussballspielen, Golf u. s. w., weil dadurch die Atmung ausserordentlich stark in Anspruch genommen wird.

Es klingt das alles vielleicht selbstverständlich und doch wird gerade von Ärzten hierin sehr viel gesündigt. Es können sich manche immer noch nicht von jener verkehrten Anschauung freimachen, es bestünde die Tuberkulose lediglich in einem „Katarrh“, einer Sekretanhäufung in den Alveolen und feinsten Bronchien, welcher durch Hereinbringen von Luft Abfluss geschafft werden müsse; es vergessen ferner gar manche, dass die Schrumpfung der betreffenden Brustpartien von der Krankheit verursacht wird, und nicht umgekehrt die Krankheit verursacht hat.

Spazierfahrten in bequemen Wagen sind zu gestatten, wenn sie nicht zu lange ausgedehnt und an einem Tage (z. B. nach einem Regen) vorgenommen werden, an dem es auf der Strasse nicht zu sehr staubt. Am besten wählt man Waldwege. Reiten ist während der Dauer der Behandlung zu untersagen.

Hat sich im Laufe der Behandlung die Körpertemperatur für mehrere Wochen völlig normal und regelmässig erwiesen, so wird nicht mehr so oft wie Anfangs gemessen. Wir halten es aber nicht für richtig, dann jeden Tag nur ein oder zweimal die Temperatur zu prüfen, weil dabei leichte Unregelmässigkeiten ausserhalb der Messungsstunden uns entgehen; es ist entschieden anzuraten, einige Tage garnicht zu messen, dann aber ein oder zwei Tage lang wieder zweistündlich. Selbstverständlich wird auch gemessen, falls irgendwelche Störungen im subjektiven oder objektiven Zustande sich bemerkbar machen.

Ernährung. Die Ernährung der Kranken ist von so grosser Bedeutung, dass von ihr nicht selten Erfolg oder Misserfolg der ganzen Behandlung abhängt. So lange freilich der Kranke in gutem Zustande und sein Verdauungsapparat keine Störungen aufweist, ist alles ziemlich einfach, aber auch nur ziemlich; denn wenn die durch die Krankheit gemachten Mehrausgaben nicht nur ausgeglichen werden sollen, sondern auch noch ein nützliches Plus im Körperhaushalte erzielt werden soll, bedarf es einer Über-Ernährung, die für längere Zeit nur mit einigem Raffinement durchgeführt werden kann. Diese Durchführung aber ist einerseits von der Umsicht des Arztes, andrerseits von der Kunst des Koches abhängig. Es muss daher, wie Dettweiler schon früher betonte, der Arzt unbeschränkter Herr über Küche und Keller sein, es muss ferner der Koch — und das ist nicht häufig — seiner Arbeit genügendes Verständnis entgegenbringen und darf kein Schablonenarbeiter sein.

Die Kost sei gemischt, es sollen die Bedürfnisse an Eiweiss, Fett und Kohlehydraten aus denjenigen Nahrungsmitteln befriedigt werden, welche bei geringem Volumen das meiste der gewünschten Stoffe enthalten. Der Magen ist eine endliche Grösse und auch der Darm verwertet nicht ohne weiteres alles in ihn Hereingestopfte; beide Organe mit ihren Anhängen müssen, wenn die Ernährungsbehandlung die nötige Zeit hindurch fortgeführt werden soll, nicht überlastet werden, sonst versagen sie bald und man ist schlimmer daran als zuvor. An eine gewisse Mehrleistung jedoch kann der Verdauungsapparat entschieden gewöhnt werden. Was besonders den Magen, aber auch den Darm am meisten belastet, das sind grosse Flüssigkeitsmengen. Manche sind zufrieden und glauben Enormes geleistet zu haben, wenn alles voll Milch gepumpt ist; man tröstet sich vielleicht mit der ungewöhnlichen Milchquantität, falls nebenher nur wenig Kompaktes aufgenommen werden konnte. So hoch wir den Wert der Milch schätzen und so ungerne wir sie entbehren möchten bei der Ausführung der Überernährung, so müssen wir doch berücksichtigen, dass von Milch allein kein Erwachsener sich für längere Zeit ernähren kann, dass im Verhältnis zu der grossen belastenden Flüssigkeitsmenge die Milch als ziemlich verdünntes Nahrungsmittel erscheint, dass also ein sehr grosses Gewicht auf grosse Einnahmen kompakten Nährmaterials zu legen ist. Soviel einer Milch trinken kann, ohne sich den Appetit für konsistentere Nahrung zu nehmen und ohne sich Störungen in Magen und Darm zu verursachen, möge er immerhin nehmen; damit scheint mir ein allgemeines Mass gegeben zu sein, nach welchem das besondere Mass im Einzelfalle gefunden werden muss.

Solange es noch nicht erwiesen ist — und das wird experimentell schwer halten —, dass tierische Tuberkulose für den Menschen nicht infektiös ist, trinke man im allgemeinen nur gekochte Milch. Die gekochte Milch schmeckt allerdings nicht so, aromatisch wie die ungekochte. Ich glaube, man kann es unter sorgfältiger Überwachung der Kühe durch einen Tierarzt und mit diagnostischen Injektionen von altem Koch'schen Tuberkulin wagen, auch ungekochte Milch trinken zu lassen. Die Falkensteiner Erfahrungen wenigstens sprechen dafür. Welche von den Kühen verdächtig erscheint oder gar auf jene Injektion mit Fieber reagiert, wird ausgeschaltet; es soll ferner jede Kuh nach einem bis anderthalb Jahren ausgeschaltet und ersetzt werden. Die Fütterung soll Sommer und Winter ganz gleichmässig sein, um zu grosse Schwankungen namentlich im prozentualen Fettgehalt der Milch zu vermeiden. Die Falkensteiner Kühe werden immer trocken gefüttert unter Beigabe von ölhaltigem Kuchen, sie stehen immer im gutgelüfteten Stalle und bekommen annähernd gleiche tägliche Wassermengen verabreicht.

Wenn ein Patient gut isst und ausserdem noch etwa 1000 bis 1500 ccm Milch auf längere Zeit hin verträgt, so halte ich das für genügend. Manche Kranke bringen es fertig, enorm zu essen und zwei bis fast drei Liter Milch zu vertilgen; doch geht das nur für kurze Zeit ohne Beschwerden. Andere hingegen behaupten, Milch gar nicht nehmen oder „vertragen“ zu können. Hier darf nicht einfach sofort nachgegeben werden. Es entscheide der Versuch. Man gebe für den Anfang nur ganz wenig Milch und steigere allmählich; bei Störungen (Drücken im Magen, Kollern etc., leichter Diarrhöe) füge man erst Kalkwasser (1—2 Esslöffel auf etwa 200 ccm) oder Eichelkakao (bis zu $^1/_3$ des Milchquantums) oder etwas Cognac (1 Theelöffel auf 200 ccm) bei, bevor man die Milch ganz beiseite lässt. Sehr zweckmässig ist es auch, der Milch Maizenamehl, Tropon, Plasmon und dgl. (s. u.), Eier, Eigelb zuzusetzen. Auch gezuckert nehmen viele die Milch lieber als rein, manchem ist geringes Salzen sehr angenehm. Endlich sei noch erwähnt, dass die Milch in Biersuppe, als Warmbier mit Eiern verabreicht werden kann, ganz abgesehen von der ausserordentlich vielfältigen Verwendbarkeit derselben bei der Zubereitung von Speisen.

Die Milch soll immer langsam getrunken werden, schluckweise, nicht auf einmal heruntergegossen; sie wird am besten im Anschluss an die Hauptmahlzeiten und zwischen denselben genommen; man achte aber darauf, dass zwischen Milcheinnahme und nächster Mahlzeit längere Zeit (einige Stunden) verstreicht, damit der Kranke nicht mit vollem Magen zu Tische kommt. Wenn thatsächlich die Milchernährung nicht angeht, so kann man Kefir, Kumys, saure Milch in entsprechenden Mengen versuchen, man kann fette Schleimsuppen, Breie u. s. w. geben.

Ein nicht zu entbehrendes Nahrungsmittel sind ferner Eier; ihre Verwendbarkeit und die Art ihrer Verabreichung ist bekanntlich so vielfältig, dass sie wohl jedem Kranken irgendwie beigebracht werden können.

Als besonders nahrhaft sei noch Käse erwähnt, der meist wegen seiner Schmackhaftigkeit sehr gerne genommen wird.

Die Hauptmahlzeiten werden Eiweiss, Fett und Kohlehydrate entsprechend gemischt enthalten. Man glaubte eine Zeitlang, dass Fleischnahrung das einzig Gute bei der Ernährung von Lungenkranken sei, so wie es neuerdings der Fleischsaft ist, dem beinahe schon eine immunisierende Wirkung von französischer Seite zugesprochen wurde. Es ist selbstverständlich, dass niemand den Fleischsaft in seinem Nährwert, wie auch die Fleischsalze als appetitanregende Mittel unterschätzen wird, der Fleischsaft mit dem Fleisch selbst zusammen ist gewiss nutzbringender als ohne dasselbe. Übrigens sind die einschlägigen Versuche an Fleischfressern gemacht, können also nicht ohne weiteres für den Menschen gelten.

Man ist heutzutage der Überzeugung, dass die gemischte Kost zur Hebung der Ernährung das beste ist, da keiner der einzelnen Bestandteile dieser Kost eine specifische Wirkung bezüglich der Tuberkulose zu entwickeln im stande ist. Dem Bedürfnis und der Liebhaberei des Kranken entsprechend sind bei der gemischten Kost immer noch sehr viele Abänderungen möglich; der Schwerpunkt kann das eine Mal auf Eiweiss, das andre Mal auf Kohlehydrate gelegt werden. Der Geschmack des Kranken wird hier meist den Ausschlag geben; denn was er gerne isst, das wird er in grösserer Menge essen, und falls diese Esslust auf weniger nahrhafte Speisen verfällt, wird es wohl immer gelingen, denselben grösseren Gehalt zu verleihen. Stets wird es möglich sein, Fett beizumischen. Ausser der Darreichung des Fettes mit der Milch ist entschieden die Darreichung desselben als gute frische Butter und als Rahm am meisten empfehlenswert. Ich halte es für überflüssig, hier auf alle Einzelheiten der Verwendbarkeit des Rahmes einzugehen.

Als Nachtisch bringt man süsse Speisen, Käse und Obst. Wenn der Verdauungskanal keine besonderen Störungen zeigt, gebe man keine „blande Diät“; sobald die Nahrung zu reizlos ist, wird bei der notwendigen grossen Körperruhe des Kranken eine immer stärker werdende Verstopfung nicht ausbleiben.

Es ist durchaus nicht nötig, dass sich der Kranke bei jeder Mahlzeit durch möglichst viele Gänge durcharbeitet, obgleich eine gewisse Auswahl nicht fehlen soll. Wo freilich vielerlei Kranke in einer grösseren Anstalt beisammen sind, muss jene Auswahl eine ziemlich reichliche sein. Die einzelnen Mahlzeiten sollen so weit auseinander liegen, dass der Magen sich einigermassen doch der vorhergegangenen Nahrungsaufnahme entledigt haben kann. Zwei Hauptmahlzeiten im Tage sind genügend, sie sollen mindestens 6 Stunden zwischen sich lassen; ein erstes und zweites Frühstück und ein kleiner Imbiss Nachmittags zwischen den

Hauptmahlzeiten vervollständigen die tägliche Nahrung. Ob der Schwerpunkt auf eine Mittags- oder Abendmahlzeit gelegt wird, hängt meist von der Gewohnheit ab. Für Kranke ist es ganz zweckmässig, das grösste Gewicht auf das Mittagessen zu legen; sie haben, frei von Geschäften, Mittags dieselbe Musse zum Essen, wie Abends. Ob das eine oder andre Frühstück schon Fleischspeisen warm oder kalt, oder Mehlspeisen, oder Käse, Obst u. s. w. bringt, hängt von der Gewohnheit und dem Bedürfnis des Kranken ab. Nur bezüglich der Zeit der Nahrungsaufnahme gebe man den Wünschen des Kranken nicht zu weit nach; das Innehalten vom Arzt zu bestimmender Mahlzeiten ist im Interesse des Patienten unerlässlich. In vielen Anstalten (so in Falkenstein) sind die Zeiten und die Art der Nahrungsaufnahme während eines Tages folgendermassen geregelt: Morgens zwischen $^1/_2$8 und $^1/_2$9 Uhr 1. Frühstück, bestehend aus Kaffee oder Thee oder Kakao oder Schokolade, Brot, Butter, Honig, Milch.

2. Frühstück, 10 Uhr, Butterbrot, Milch.

Um 1 Uhr Mittagessen, bestehend aus Suppe, drei bis vier Fleischgängen mit Beigabe von Gemüsen, Kartoffeln, Salat, eingemachten Früchten, und einem Nachtisch von Mehlspeisen, Käse, Obst.

Zwischen 4 und 5 Uhr Nachmittags wird gewöhnlich wieder etwas Milch getrunken. Das Abendessen um 7 oder $7^1/_2$ Uhr bringt legierte Suppe, einen warmen Fleischgang und kalte Platte.

Endlich trinken fast alle um 9 Uhr abends noch Milch.

Es ist selbstverständlich, dass hier vielerlei Abänderungen in jeder Beziehung noch gemacht werden können.

Unserer Erfahrung nach ist es wohl zweckmässig, wenn im allgemeinen der Kranke zu den Hauptmahlzeiten kleine

Quantitäten leichten Weines nimmt; es wird fast allen das Essen dadurch erleichtert. Grössere Mengen Alkohols wie grössere Mengen irgendwelcher Flüssigkeit sind zu vermeiden. Wer Bier lieber nimmt als Wein, weil er glaubt, dabei besser essen zu können, hüte sich also, schon während der Mahlzeit den Magen mit unnötig viel Flüssigkeit zu belasten. Nach den Hauptmahlzeiten ruhen die schwächeren Kranken oder schlafen, den kräftigeren kann man es überlassen, ob sie ruhen oder einige Schritte spazieren gehen wollen.

Zur Beurteilung des Nährwertes der verschiedenen Speisen sind die zahlreich vorhandenen Tabellen, welche die Calorienzahl der Nahrungsmittel im rohen und verarbeiteten Zustande und deren gewöhnliche Ausnutzung angeben, sehr brauchbar[1]); die praktische Entscheidung, ob die Ernährung im Einzelfalle genügt oder nicht, liegt jedoch in den regelmässigen Wägungen des Kranken; diese geben den besten Aufschluss über die thatsächliche Verwertung der verabreichten Calorienmenge. Es ist natürlich kein näherer Anhaltspunkt zu fixieren, wieviel durchschnittlich ein Kranker zunehmen soll in der Woche oder im Monat, weil zu viele Faktoren hier mitspielen. Normale Körpertemperaturen vorausgesetzt, richtet sich bei Abwesenheit von schweren Störungen irgend eines Organes und bei Abwesenheit von Stoffwechselkrankheiten die Körpergewichtszunahme meist nach dem anfänglichen Ernährungszustande des Individuums; in einen fast leeren Sack lassen sich enorme Mengen förmlich hineinwerfen; manchmal scheint nahezu alles Aufgenommene ausgenützt zu werden. Die höchste hier in Falkenstein beobachtete Zunahme des Körpergewichts innerhalb knapp vier

[1]) Siehe v. Leyden, Handbuch der Ernährungstherapie.

Wochen betrug 12,5 kg, die höchste innerhalb einer Woche 3,6 kg.

Späterhin, wenn der Ernährungszustand schon besser geworden ist, wird die Zunahme immer geringer, schliesslich erreicht das Gewicht ein Maximum. Unter gewöhnlichen Verhältnissen schwankt endlich das Körpergewicht um eine individuelle Grösse um weniges hin und her, so dass die Befürchtung, man könnte zu dick und schwer werden bei der „Über"ernährung, nur in Ausnahmefällen (siehe später) zutrifft. Entsprechend dem immer besseren Ernährungszustand geht der Anfangs oft erstaunliche Appetit auf ein gewisses Mass wieder zurück.

Bei den Wägungen sei man peinlich darauf bedacht, dass jedes Mal möglichst gleiche Verhältnisse gegeben sind; sämtliche Kleider, Inhalt von Taschen, Füllungszustand des ganzen Verdauungskanals (besonders Flüssigkeitsmenge im Magen) u. s. w. seien, soweit es angeht, die gleichen, auch die Zeit der Wägung sei immer dieselbe. Die Wägungen sollen, triftige Gründe ausgenommen, nicht gar zu oft vorgenommen werden. Jede kleine Schwankung des Gewichtes nach abwärts wirkt deprimierend und bei zahlreichen Wägungen innerhalb kurzer Zeit wird der Kranke in seiner gemütlichen Verfassung förmlich hin- und hergeworfen zwischen Freude und Sorge. Eine Wägung alle 14 Tage, manchmal auch alle 4 Wochen, ist wohl ganz genügend zur Orientierung bei dem schleppenden Laufe der Krankheit.

Appetit. Um vorhandenen Appetit nicht zu verderben, mangelhaften vielmehr zu steigern, müssen, wie schon bemerkt, die einzelnen Mahlzeiten in richtigen Pausen aufeinander folgen und gut ausgewählt sein, ein ewiges Einerlei macht sehr bald auch den guten Esser müde. Es muss weiterhin — ohne dass die Mahlzeit zu sehr in die Länge gezogen wird — den Kranken die nötige Zeit zum Essen der einzelnen Gänge gegönnt werden.

Das zu den Speisen verwendete Material hat immer ganz frisch zu sein. Die Zubereitung der Speisen, von welchen die warmen auch wirklich warm auf den Tisch kommen sollen, muss mit einiger Liebe gemacht werden; man kann selbst von ein- und demselben Stück ein- und desselben Tieres wiederholt in der Woche bringen, wenn jedes Mal die Zubereitung eine tadellose und abwechslungsreiche ist, und wenn die Gerichte „appetitlich", „geschmackvoll" garniert und serviert werden. Alles, was irgendwie mit dem Essen zu thun hat, muss vollkommen rein sein. Ein schmieriger Kellnerfrack, schmutzige Hände, kleine Speisereste an flüchtig gereinigten Tellern oder Löffeln oder Gabeln und dergl. mehr beeinträchtigen den besten Appetit und können besonders einem nur mit Mühe essenden Kranken die Lust zum Essen nicht nur für die eine Mahlzeit, sondern für Tage verderben.

Die dargereichte Kost schmecke nicht weichlich, man spare nicht zu sehr, wo es dem Kranken angenehm oder Bedürfnis ist, ängstlich mit Gewürzen; selbst mit Essig zubereitete Salate und eingemachte Früchte sind alle zulässig, so lange sie eben nicht im Interesse des Magendarmkanals oder des Halses verboten werden müssen.

Nicht allein das Gehen in frischer Luft, sondern auch das Liegen an frischer Luft macht Appetit. So wird bei Abwesenheit andrer Gründe meist der Appetit des Kranken sehr bald nach Beginn der Freiluftruhekur sich heben. Trifft dies nicht zu und kann dem Patienten mehr Bewegung erlaubt werden, so verlegt man seine Spaziergänge ($^1/_4$ bis 1 Std.) zweckmässig vor die Hauptmahlzeiten; nur ist darauf zu achten, dass dem Kranken nach dem Spaziergange noch etwa eine halbe Stunde zum Ausruhen oder auch Schlafen vor dem Essen bleibt. Bei manchen genügt kurzer Schlaf vor der Mahlzeit allein schon, um Hungergefühl zu erzeugen.

Kann dem Kranken keine Bewegung erlaubt werden und bleibt der Appetit schlecht oder fehlt ganz, so ist genau den Gründen nachzuforschen. Vor allem orientiere man sich, ob der Stuhlgang ein völlig geregelter und die Entleerung immer eine reichliche ist, ferner ob es nicht erhöhte Temperaturen sind, welche den Kranken stören; weiterhin scheint Appetitlosigkeit manchmal eine rein toxische Wirkung (ohne Fieber) vorzustellen, und in einzelnen Fällen sind es psychische Depressionen (z. B. Heimweh), welche das Essen fast unmöglich machen. Soweit Halserkrankungen die Nahrungsaufnahme stören, muss auf dies Kapitel verwiesen werden. In sehr vielen Fällen ist der Widerwille nur gegen bestimmte Speisen, meist Fleisch-Speisen und von diesen vornehmlich die warmen, vorhanden. Endlich verhindern direkte Magen- und Darmerkrankungen, Brechreiz, starker Hustenreiz und manche andre körperlichen Störungen (z. B. Menstrualbeschwerden) die genügende Nahrungsaufnahme. All diesen Dingen muss man mit Sorgfalt nachgehen; es ist verkehrt, von vorneherein gleich mit „Appetit-Mitteln“ bei der Hand zu sein oder ohne weiteren Grund die beliebte Salzsäure zu geben. Findet man bei gewissenhafter Nachforschung keinen besonderen ursächlichen Angriffspunkt zur Bekämpfung der Appetitlosigkeit, dann kann man mit Veränderungen der Diät, endlich mit Medikamenten vorgehen. — Der Lust des Kranken zu gewissen Speisen und gewissen Zubereitungsarten ist, soweit wie möglich, Rechnung zu tragen, die einzelnen Speisen müssen, wie schon gesagt, mit besonderem Raffinement unauffällig nahrhafter gemacht werden durch Zusatz von Eiweiss, Eigelb oder beide, durch

Zucker, Butter, Rahm, verschiedene Mehle, gute Nährpräparate, deren Zahl Legion ist. Es führt wohl zu weit, alle im Handel befindlichen und täglich neu auftauchenden Präparate aufzuführen und zu kritisieren; wir stehen auf dem Stande Klemperers, dass, soweit irgendwie angängig, all' diesen Präparaten die viel billigeren gewöhnlichen Nahrungsmittel vorzuziehen seien. Nur im Notfalle verstehen wir uns zu deren Darreichung, besonders auch, wenn der Kranke leicht beeinflussbar ist durch den Gedanken, etwas ausserordentlich Nahrhaftes vor sich zu sehen; ein solcher Kranker isst manche Speisen nur deshalb, weil sie ein Nährpräparat enthalten, selbst wenn dieses Präparat den guten Geschmack der Speise beeinträchtigt. Denn leider haben alle, welche ich wenigstens versucht habe, einen schwächeren oder stärkeren Beigeschmack, der sich auf die Dauer auch nicht in den Speisen verdecken lässt. Tropon z. B. schmeckt man auch in feinster Verrührung noch aus allem heraus, es fühlt sich im Munde auch etwas sandig an; besser und längere Zeit hindurch kann schon Plasmon genommen werden. Manchmal ist es zweckmässig und möglich, solche Präparate in Oblaten zu nehmen, obgleich — wenn schon zu solchen Cachierungen gegriffen werden muss — wir den Oblaten lieber rohes Fleisch einverleiben. Dies letztere Verfahren ist sehr empfehlenswert, falls der Kranke keinen zu grossen Widerwillen auch gegen den Oblatengeschmack hat.

Von Mitteln, welche erfahrungsgemäss das Essen erleichtern und den Appetit anregen, sind die Bitterstoffe zu nennen; Tct. amara, Tct. aromatica oder beide zu gleichen Teilen, Chinadecocte, Condurangodecocte sind alle sehr brauchbar. Man lässt diese Präparate ganz zweckmässig in wenig Alkohol nehmen, z. B. in einem kleinen Liqueurgläschen Portwein, einem Theelöffel Cognac, nach Geschmack in etwas Madeira, Tokayer, Marsala, und dgl.; immer seien es geringe Mengen, die etwa $^1/_4$ bis $^1/_2$ Stunde vor den Hauptmahlzeiten gegeben werden. Recht gut wirken auch jene Präparate auf den Appetit, welche Fleischsalze enthalten (z. B. Puro, Hämatogen etc. etc.); sie werden ebenfalls vor Tisch genommen, Puro wohl am besten auf wenig Brot. Es wird durch all' diese Mittel die Sekretion des Magens etwas vermehrt. Ein Präparat, welches diesem Zwecke in besonderer Weise dient, ist Orexin, welches neuerdings nur mehr als Orexintannat in den Handel kommt. Eine bis zwei Stunden vor der Mahlzeit werden 0,2 bis 0,5 g genommen und etwa 150 bis 200 ccm warme Flüssigkeit darauf getrunken. Das Präparat muss einige Tage lang genommen werden, wenn es seine gute Wirkung, die oft längere Zeit nach Aufhören der Medication noch andauert, entfalten soll. Freilich lässt es auch da und dort im Stich. Ein recht brauchbares Präparat scheint uns nach den bisherigen Erfahrungen „natürlicher Magensaft“ zu sein, wie er in einem Petersburger Laboratorium von Fistelhunden gewonnen wird. Man nimmt etwa je 1 Esslöffel in einem Weinglase Wasser während und nach jeder Mahlzeit. Bei den empfindlichen Patienten wird man gut thun, die Herkunft des Mittels nicht weiter zu erörtern. Dieser Magensaft wie besonders Salzsäure sollte nur gegeben werden, nachdem man aus der Untersuchung des Magens (Sonde) die Berechtigung dazu gefunden hat.

Ein vorzügliches Mittel ist schliesslich die Auswaschung des Magens vor der Mahlzeit; sie möge besonders da angewendet werden, wo sie den Kranken nicht zu sehr belästigt und ihm nicht nachteilig werden kann durch starkes Husten und Würgen. Falls erforderlich kann durch dieselbe Sonde gleich Nährmaterial in den Magen gebracht werden.

Es ist selbstverständlich, dass alle den Kranken belästigenden Versuche und aller Zwang, ihn zum Essen zu bringen, zum Essen, das ihm oft die grösste Qual ist, keine Berechtigung mehr haben, sobald man wirklich sicher ist, es handelt sich nur mehr um die letzten Tage oder Wochen des Patienten; ebenso sind in solchen Fällen die Nährklystiere als unnütze Quälereien bei seite zu lassen.

Körperpflege und Kleidung.

Reinlichkeit in jeder Beziehung ist hier der oberste Grundsatz; sie hat sich nicht nur auf Gesicht und Hände, sondern auf den ganzen Körper zu erstrecken, vom Schopf bis zu den Fusssohlen.

Der Kopf mit Kopfhaar sollte ein bis zweimal in vierzehn Tagen mit Seife ausgiebig gewaschen werden, und zwar nicht allein von Männern, auch von Frauen. Männer, welchen es weniger Umstände macht, diese Waschungen vorzunehmen, werden sie infolge ihrer Annehmlichkeit bald sehr häufig, im Sommer jeden oder doch jeden zweiten Tag vornehmen. Man braucht durchaus nicht ängstlich zu sein, bald nach dem Waschen wieder ins Freie zu gehen, selbst bei unbedecktem Haupt, es wird gewiss keinerlei Unglück passieren. Bei Frauen macht das Trocknen der Haare einige Schwierigkeit, deshalb ist es zu empfehlen, den Kopf Abends in trockner Zimmerwärme zu waschen und die Haare weit auf einem warmen trocknen Tuche auszubreiten und aufgelöst zu lassen, bis sie ziemlich trocken sind. Vorsichtiges direktes Erwärmen der Haare (trockne warme Luft, Thermophor und dgl.) kann geschehen, grösserer Hitze sollen dieselben jedoch nicht ausgesetzt werden. Ist erst die Sorge, die Haare könnten darunter leiden, durch die Überzeugung vom Nutzen der Kopfwaschungen verdrängt, so werden dieselben gewiss nicht mehr aufgegeben.

Der Mundpflege ist ganz besondere Sorgfalt zu widmen.

Die Zähne sollen in gutem Zustande sein oder entsprechend behandelt, unbrauchbare, nicht mehr reparaturfähige entfernt werden, namentlich gilt letzteres von Wurzeln, welche Fäulnisprozesse und Abszesse im Munde veranlassen. Die Mundreinigung ist mindestens zweimal im Tage zu besorgen, jedenfalls darf sie Abends vor dem Schlafengehen nicht vergessen werden.

Man verwendet gutes Zahnpulver und nicht zu harte Bürsten und bürstet in vertikaler Richtung von allen Seiten. Ausserdem soll ein leises Nachbürsten der Zähne und gutes Ausspülen der Mundhöhle mit antiseptisch wirkenden und adstringierenden Substanzen geschehen. Sehr zweckmässig ist Alkohol (Buchner); der Alkohol kann parfumiert werden; auch lässt sich leicht Kölnisches Wasser zu gleichem Zwecke benützen.

Alle Kranke sollen in der Woche mindestens zwei warme Reinigungsbäder nehmen, bei welchen der Körper gründlich abgeseift wird, bei Schwerkranken und Bettlägerigen werden die Bäder und deren Häufigkeit vom Arzte nach Reinlichkeit und sonst massgebenden therapeutischen Erwägungen bestimmt. Ferner sollen sämtliche Kranke täglich die am meisten beschmutzten Hautpartien (also Gesicht, Hals, Hände und Füsse) mit Seife tüchtig reinigen. Zur besseren Reinigung verwendet man warmes Wasser; immer aber spüle man mit kaltem, frischem Wasser nach. Diese Art sich zu waschen mit folgender Trockenreibung ist für Personen besonders nützlich, welche — ohne Fieber zu haben — leicht frieren, und sehr zu empfehlen gegen „kalte Füsse“.

Kräftigere Kranke sollen jeden Tag (am besten im Bade) den ganzen Körper abseifen und waschen. Nur sehr kräftigen Kranken aber, mit fast völlig abgelaufenem oder seit langer Zeit wenig sich veränderndem Prozesse, erlaube man das Duschen. Man sei recht vorsichtig in der Auswahl dieser Leute, sonst wird man gewiss unangenehme Erfahrungen machen. Denn so ganz unschuldig, wie manche glauben, sind die Kaltwasserstrahlen doch nicht. So nützlich die Dusche für manche Kranke bezüglich ihres Nervensystems und der sog. Abhärtung ist, so schädlich wirkt sie bei frischen Erkrankungen, schon durch die reflektorisch angeregte forcierte Atmung, abgesehen von den bekannten ziemlich heftigen Schwankungen in der Füllung der in Betracht kommenden Gefässbezirke. Nach der Dusche wird gut trocken gerieben und ein kleiner Spaziergang gemacht. Der Kranke soll sich nach dieser ganzen Procedur erfrischt und behaglich warm fühlen, jedenfalls aber nicht frösteln, oder gar Kopfschmerzen, Herzklopfen, Atembeschwerden bekommen. Die Zeitdauer der einzelnen Duschen wird für jeden Kranken vom Arzte festgesetzt (3—30 Sekunden), ebenso die Stärke des Strahles, der nie den Kopf oder Nacken zu stark treffen soll. Die von uns gemeinte kalte Dusche (10—12° C.) werde in gut durchwärmtem Raume gegeben und bestreiche den ganzen Körper. Nur hier und da wird man Gründe haben, einzelne Stellen besonders zu duschen (z. B. nach längere Zeit abgelaufenen Pleuritiden).

Von weiteren Proceduren, welche als nützlich erkannt wurden und besonders für schwache Bettlägerige geeignet erscheinen, seien erwähnt: Trocknes Frottieren der Haut (Sorgfalt für ganz reine rauhe Tücher), Frottieren mit Alkohol (80—96 %), Alkohol und Wasser, später Wasser allein, weiterhin Abklatschen mit nassen kalten Tüchern und Trockenreiben. Das letztere ist gewissermassen schon als Vorstufe zur sanften Dusche zu betrachten.

All diese Frottierungen sollen ganz kurz dauern (bis 1—2 Minuten); nach ihrer Application soll der Kranke sich erfrischt fühlen und angenehm warm.

Ich möchte hier nicht auf alle möglichen und für

nützlich gehaltenen hydrotherapeutischen Massnahmen eingehen, sie betreffen auch zu grossem Teile verschiedenerlei Krankheiten. Für die im Allgemeinen geübte Behandlung der in Rede stehenden Lungenkranken dreht sich alles bei der Hautpflege im Grunde darum, diejenigen Funktionen der Haut, welche als wärmeregulatorische zu bezeichnen sind, zu heben. Der Kranke soll schliesslich soweit kommen, dass seine Hautoberfläche im stande ist, alle Witterungsschwankungen ohne weitere Störung des übrigen Organismus auszugleichen; das ist es auch, was uns als Hauptsache der sog. Abhärtung gilt. Dazu aber ist noch wichtiger als die ebengenannten Hautreize, dass die durch die oben beschriebene Art der Reinigung von überflüssigem Epithel und Fett und Schweiss befreite und völlig abgetrocknete Hautoberfläche von der reinen erfrischenden Luft allseitig umspült werden kann. Dieser Forderung hat vor allem eine richtige Kleidung zu genügen. Wenn eine Überwärmung der Haut vermieden und vielmehr eine gute Ventilation der Hautoberfläche angestrebt werden soll, muss die Kleidung leicht genug sein und so angelegt, dass keine Hautpartie hermetisch von der Luft abgeschlossen sein kann; es wird dann auch kein Organ einen schädlichen Druck durch die Kleidung erfahren. Es ist allgemein sehr beliebt, sich und namentlich die Kranken so warm wie möglich zu kleiden, jeden Luftzug ängstlich auszuschalten, um ja eine „Erkältung" zu vermeiden. Eine ängstlich vor Luftzutritt behütete Hautpartie ist nicht nur gewöhnlich etwas feucht und aufgelockert, sondern hat vor allen Dingen die Fähigkeit zum Teil oder ganz verloren, mit ihren oberflächlichen Blutgefässen auf Temperaturreize zu reagieren. Wird ein so verwöhnter Körperteil dann unversehens einem Lüftchen ausgesetzt, dann ist eine zu starke Abkühlung die thatsächliche Folge und es können daraus leichte Störungen wie Schnupfen, Muskelschmerzen, Neuralgien entstehen. Schnupfen ist aber für einen Lungenkranken nicht ganz gleichgiltig, Schmerzen sind lästig; es wird daher in der Folge erst recht mit grossem Fleiss die betroffene Hautstelle geschützt werden. So geht das weiter, bis endlich der Verweichlichte zur Überzeugung kommt, dass Luft überhaupt sehr schädlich ist, dass nur die robustesten Naturen fähig sind, sie zu vertragen u. dgl.

Die Kleidung soll also leicht sein; das Übernehmen von Mänteln und Decken oder Pelzen ist jederzeit möglich, während es Schwierigkeit macht, von zu warmen und dicken Stoffen etwas wegzunehmen, welche die gewöhnliche Zimmerkleidung ausmachen. Von grösster Wichtigkeit ist die Unterkleidung. Sie soll aus derartigen Stoffen bestehen und so gewebt sein, dass sie Schweiss aufnehmen, Luft durchlassen und dass sie bei der Wäsche gekocht werden kann. Ich möchte daher als bestes Material für Unterkleidung Baumwolle oder auch noch Seide empfehlen; die Webart sei im Sommer möglichst weitmaschig, im Winter, wenn so gewünscht, engmaschig. Es sollen lieber zwei solcher Unterkleider übereinander getragen werden, um eine grössere Luftschicht über dem Körper warm zu erhalten, bevor zu Flanell und Wolle gegriffen wird. Wolle wäre — dünner und dichter gewebt — wohl das beste Material, allein sie kann, gerade bei stark schwitzenden Kranken, nur unvollkommen gereinigt werden, weil sie durch Kochen ganz unbrauchbar wird und durch öfteres Schwitzen verfilzt. Man riecht es jedem an, der Flanell- oder Woll-Unterkleidung trägt, selbst wenn er sie erst frisch angelegt hat.

Was ich eben sagte, möchte ich auch auf Strümpfe beziehen; wem Baumwolle, weich und dünn gewebt, (und

Seide) im Winter zu kalt ist, der kann zwei Paar solcher dünner Strümpfe übereinander statt eines Paares dicker wollener anlegen, ausserdem trage er aus warmem Stoff gefertigte Überschuhe. Bei nassem Wetter werden zum Spazierengehen wasserdichte Schuhe, auch Gummischuhe u. dergl. getragen, damit für das Zimmer und den Liegestuhl Schuhe und Füsse vollkommen trocken sind. Die Schuhe selbst seien weit genug, um Ventilation zu gestatten, seien deshalb auch nicht zu hoch, für den Sommer seien sie möglichst weit offen und dünn. Auch wer an sog. kalten Füssen leidet, kleide dieselben ja nicht zu warm; die verwöhnte leistungsuntüchtige Haut wird wie an andren Körperstellen (siehe oben) nur immer schlechter funktionieren und die Füsse werden durch eventuell gebildeten Schweiss nur noch kühler.

Die Unterkleidung sollte jeden Tag frisch gewechselt, jedenfalls aber nie länger als zwei Tage getragen werden. Bei bettlägerigen, vielleicht schwitzenden Kranken wird tagsüber so oft gewechselt als eben nötig. Unter Wechseln ist aber zu verstehen, dass gegen die feuchte nicht etwa gebrauchte und wieder getrocknete, sondern frischgewaschene Wäsche eingetauscht wird.

Aus vorstehenden Ausführungen geht von selbst hervor, dass alle den Körper einengenden und die Haut von der Lüftung absperrenden Kleidungsstücke, wie hohe Halskragen dicke Schlipse u. dergl., nicht zu gestatten sind, dass vor allem das Korset, auch wenn es „locker" getragen wird, und besonders auch einschnürende Rockbänder zu vermeiden sind. Ausserdem ist das Korset zur bequemen Durchführung der Liegekur (s. o.) ein Hindernis.

Es ist hier nicht der Platz, Verbesserungsvorschläge zu machen, wie sie z. T. schon von einzelnen eleganten Damen verwirklicht sind.

Das bisher officiell in der „Reformkleidung“ Geleistete ist noch ziemlich geschmacklos.

Zur Durchführung der Freiluft-Ruhekur in der wärmeren Jahreszeit sind bei leichter Kleidung höchstens ein paar Decken nötig; für den Winter nimmt man am besten einen geräumigen Pelzsack, in den man durch einen seitlich langen Schlitz und von oben leicht hinein- und herauskommen kann. Der Sack soll bis herauf über die Hüften reichen. Die Kleidung wird durch dickere Oberkleidung, Mäntel, Pelz nach Bedarf verstärkt.

Husten und Auswurf.

Der Husten hat den Zweck, die Sekrete der Atmungswege vom Kehlkopf abwärts und gelegentlich andre in diese Wege geratene Partikel herauszubefördern. So lange er diesen Zweck mit wenig Stössen erfüllt, ist er notwendig und nützlich; sobald er diesem Zweck gar nicht oder nur schlecht und unter grosser Anstrengung des Patienten dient, wird er Gegenstand der Behandlung werden müssen. Damit ist nicht gemeint, dass sofort zu Arzneimitteln gegriffen werden solle; erst muss versucht werden, den Grund dieses unzweckmässigen Hustens zu ermitteln. Sowohl Rachen wie Kehlkopf, Bronchien, Pleura können direkt, Störungen in anderen Organen (sogar Bauchorganen wie angeblich Uterus) indirekt zu Husten Veranlassung geben. Es gibt nun Kranke, welche auf jeden kleinsten Reiz eine förmliche Hustenserie loslegen, und solche, welche aus lieber Gewohnheit schon eine gewisse Befriedigung darin finden, zu husten. Andere wiederum haben sich in den Kopf gesetzt, sich Morgens gleich für den ganzen Tag mit dem Husten und Auswerfen fertig zu machen. Sie ruhen nicht eher, als bis der Auswurf, der erfahrungsgemäss eine gewisse Menge darstellt, oder der unterhalb des Kehlkopfes sitzend gefühlt wird, herausbefördert ist, oder bis endlich Erbrechen erfolgt. Obendrein stellen sich manche bei diesen gewollten Hustenstössen so ungeschickt an, dass der Luftstrom das Hinwegzunehmende gar nicht zu fassen bekommt. Der unwillkürlich reflektorische Hustenstoss soll abgewartet werden, er findet seinen Angriffspunkt, den Ort der Reizentstehung, viel sicherer. Diese Kranken müssen entsprechend belehrt und namentlich darauf hingewiesen werden, welch' schädlichen Reiz, welche Zerrung sie auf die Lunge und den ganzen Bronchialbaum mit Kehlkopf ausüben, wie sie den Rachen misshandeln, wie sie Magen und andere Organe erschüttern, Kopfschmerzen, Schwindel, Übelkeit, Erbrechen sich verursachen; bei Frauen kommt es überdies — unter sonst günstigen Bedingungen — allmählich zu einer Senkung des Uterus und öfter noch zu überaus belästigendem, unfreiwilligem Abgange von Urin während der Hustenstösse. Bei sehr starkem anhaltenden Husten treten schliesslich in der Gegend der Zwerchfell- und Bauchmuskelansätze beträchtliche Zerrungsschmerzen und Müdigkeitsgefühl auf, da und dort kommt es sogar zu umschriebenem Krampf im Musc. obliq. externus, der sehr schmerzhaft ist. Dieser Krampf, der besonders beim Liegen im Bett mit etwas nach vorn gebeugtem Oberkörper zustande kommt, verursacht eine umschriebene Vorwölbung wie eine Kugelcalotte gewöhnlich etwas nach aussen von der Mamillarlinie über der 8. bis 10. Rippe. Der Kranke diagnosticiert ängstlich sofort eine Hernie. Durch Strecken des Muskels (Rückwärtsbeugen des Oberkörpers) und leichte Massage wird die schmerzhafte Störung beseitigt.

Natürlich darf man bei jener von Dettweiler treffend so genannnten Disciplinierung des Hustens vom Patienten nicht mehr verlangen als er leisten kann. Bei aufmerksamer

Beobachtung gibt dem Arzte meist schon die Art des Hustens den richtigen Fingerzeig für den Ort der Reizentstehung.

Ganz automatisch wird der beim Husten forciert ausgetriebenen Luft freie Passage gewährt bis an die Stelle an welcher der Stoss anpacken soll. Wenngleich bei jedem Husten der Verschluss des Kehlkopfes und die folgende plötzliche Öffnung der Stimmbänder das Explosive des Luftausstossens ermöglichen muss, so ist doch diese Funktion des Kehlkopfes eine sehr veränderliche; die Kontraktion und die Öffnung der Stimmbänder nimmt verschieden lange Zeit in Anspruch, wie auch die Glottisweite eine wechselnde ist, je nachdem der Husten an der Rachenwand kratzen oder Schleim von den Stimmbändern entfernen oder Sekret in der Luftröhre oder in den gröberen und feineren Bronchien bewegen soll. Der im hintersten Teil der Glottis und der oberhalb der Stimmbänder befindliche Auswurf wird meistens durch Räuspern — einem verlangsamt ablaufenden Hustenakt — entfernt; thatsächlich kann man oft kontrolieren, dass selbst der kräftigste Hustenstoss das Sekret nicht von jenen Stellen entfernt, weil wohl kein genügender Angriffspunkt für den Anprall der Luft gegeben ist. Am energischsten erfolgt die gedachte Explosion bei dem für den Kehlkopf und Rachen bestimmten Husten; er wird mit Recht allgemein als bellend bezeichnet. Einen ganz anderen, weicheren Klang hat der Husten, wenn er aus den Bronchien und der Luftröhre schon gelockerten Auswurf vor sich her wirft, während er direkt keuchend klingt bei der Beförderung von zähem Sekret in den feinsten Luftwegen, zumal wenn noch Thorax und Lunge an Elasticität eingebüsst haben. Der vom Rippenfell ausgehende Reiz wird bei gleichzeitig vorhandenem Schmerz meist nur mit kurzem Hüsteln, selten mit stärkeren Stössen beantwortet.

Diesen verschiedenen Hustenarten entspricht eine verschiedene Behandlung.

Der vom Rippenfell und von Geschwüren im Bronchialbaum ausgelöste Husten ist nur mit Narcoticis zu bekämpfen; die Therapie des direkt oder indirekt von Erkrankungen der Nase, des Rachens und Kehlkopfes verursachten Hustens soll bei den betreffenden Kapiteln erörtert werden. Es erübrigt also, hier die Einschränkung des Hustens zu besprechen, soweit er im oben dargelegten Sinne seinem Zwecke (Expectoration) nur mangelhaft dient.

Je zäher der Auswurf, um so schwieriger ist er herauszubefördern. Das Übermass des hiebei erzeugten Hustens wird also am besten durch Verminderung der Zähigkeit der Sputa, d. i. durch Zufuhr von Flüssigkeit, vermieden. Es ist vor allem darauf zu sehen, dass die eingeatmete (Zimmer-) Luft nicht zu trocken wird; man wird demnach besonders im Winter und bei Centralheizung Wasserverdünstungsgefässe aufstellen, man wird auf irgend eine Weise mit Wasser oder Wasserdampf sprayen, nasse Tücher im Zimmer aufhängen und dgl. Meist genügen diese Massregeln jedoch nicht. Man führt daher zweckmässig Wasser oder besser noch wässerige Salzlösungen den Atmungswegen zu, und zwar durch den Magen oder direkt durch Inhalation oder endlich durch die Haut. Eine sehr gute Methode, Wasser dem Körper zuzuführen durch die Haut sowohl wie durch Inhalation ist — abgesehen von Bädern — der Priessnitz'sche Umschlag oder Wickel rund um den Thorax herum; wieviel andere Faktoren (z. B. Füllungsänderung im Gefässsystem durch die feuchte Wärme) bei der zweifellos wertvollen günstigen Wirkung jenes Umschlages noch mitwirken, möge hier unerörtert bleiben. Der Umschlag wird in bekannter Weise, mit temperiertem Wasser befeuchtet, angelegt und bleibt für den in Rede stehenden Zweck nicht bloss ein bis zwei Stunden, sondern ungefähr acht bis neun Stunden liegen. So kann der „Priessnitz“ längere Zeit fort, falls erwünscht ein paar Wochen, jede Nacht angelegt werden; nur in den ziemlich seltenen Fällen, in welchen der Kranke mit dem Umschlag unruhig statt ruhiger schläft, wird man ihn tagsüber benutzen. Manche Kranke vertragen es sehr gut, dass für einige Tage der Umschlag tagsüber einige Stunden und die ganze Nacht appliciert wird. Bei empfindlicher Haut tritt allerdings oft unerwünscht frühzeitig der erste Anfang eines Ekzems auf; doch verrät sich der Beginn schon durch stärkeres Jucken der Haut auch in der umschlagfreien Zeit und durch bestehen bleibende Rötung. Wird bei solchen Anzeichen die Procedur sofort unterbrochen, dann lässt sich ein förmliches Ekzem mit Sicherheit vermeiden. Bei zarter Haut kann man von Anfang an zum Anfeuchten des Umschlages etwas Bleiwasser beifügen. Soweit man den sicheren Eindruck hat, dass der Umschlag auch wirkt, wenn die damit zu bedeckende Haut vorher mit Vaselin gegen zu starke Auflockerung und Maceration geschützt ist, kommt wohl hauptsächlich die Inhalation des Wasserdampfes und etwelche sonstige Faktoren in Betracht. Wer den ausserordentlich günstigen Einfluss dieser Priessnitz'schen Wickelungen auf die Expectoration und das Allgemeinbefinden der Kranken gesehen hat, wird sie nur ungern entbehren.

Ob die Ansicht Mancher berechtigt ist, dass protrahierte und lange Wochen fortgesetzte Anwendung solcher Umschläge, angefeuchtet mit Wasser oder wie neuerdings auch empfohlen mit Alkohol, eine direkt „heilende“ Wirkung auf die Krankheit ausübt, vermögen wir nicht zu beurteilen.

Zur leichteren Expectoration finden weiterhin Verwendung sämtliche sogenannte alkalische Säuerlinge, getrunken oder inhaliert. Man lässt sie gleich Morgens nach dem Erwachen mit warmer Milch gemischt trinken, nach Bedarf auch tagsüber noch ein oder ein paar mal. Ähnlich wie diese Wässer wird mit grossem Vorteil auch Salmiak (Ammonium chloratum) verwendet. Als sehr gutes Expectorans ist ein Senega-Infus zu empfehlen; falls der Husten quälend ist, füge man ein wenig Dionin oder Codein oder Morphin hinzu oder gebe dergleichen Narcotica in kleinen Dosen nebenher. Ähnliches gilt vom Apomorphin.

Ist der Hustenreiz gering und hat man die Überzeugung, dass vorhandenes Sekret nicht genügend entleert wird, so wirken Senega, Apomorphin und besonders auch Liquor Ammonii anisatus ebenfalls vortrefflich; nur fällt dann der Grund für die Darreichung von Narcoticis weg[1]).

Alle diese Mittel, von den Wässern und salzigen Lösungen angefangen, wirken, abgesehen von der vermehrten Wasserzufuhr, noch dadurch günstig, dass sie die Schleimhaut augenscheinlich zur vermehrten Absonderung dünner flüssiger Bestandteile anregen. Ganz besonders ist bezüglich der ver-

---

[1]) Hier mögen ein paar Recepte Platz finden, welche sich uns bewährt haben: Salmiak zu Inhalationen 1—3%. Salmiak innerlich: Rp. Ammonii chlorati, Succi Liquiritiae āā 5,0; Aq. dest. 180,0. M. D. S. 2 bis 3 stdl. 1 Esslffl. Umschütteln.

Senega: Rp. Infus. radic. Senegae 6,0 (bis 8,0): 150,0; Liquor. ammonii anisat. 3,0; morphini hydrochlorici 0,03; Syrup. simpl. 10,0 M. D. S. 2 bis 3 stdl. 1 Esslffl. Umschütteln.

Mixtura solvens Rossbach: Rp. Apomorphini hydrochlorici 0,05; Morphini hydrochlorici 0,03; Acidi hydrochlorici 0,50; Syrup. simpl. 10,0; Ap. dest. 200,0. M. D. S. 2 bis 3 stdl. 1 Esslffl.

Jodkali: In Lösungen von 5,0 Jodkali auf 150,0 Wasser; oder auch von 10,0 Jodkali auf 20,0 Wasser. Im ersteren Falle 3 bis 4 mal täglich einen Esslöffel voll zu nehmen, am besten in Milch; im zweiten Falle ebenso oft 10 bis 15 bis 20 Tropfen mit Wasser verdünnt in Milch zu nehmen. Die koncentrierte Lösung soll in dunkles Tropfglas kommen, weil sich am Tageslicht Jod ausscheidet (Gelbfärbung der Lösung).

mehrten Sekretion Jodkali zu nennen; es ist ein ausgezeichnetes Expectorans, besonders bei Broncheolitiden mit sehr zähem Auswurf.

Es erscheint sehr bemerkenswert, dass sämtliche genannten Substanzen auch andere Schleimhäute zu vermehrter Absonderung anregen, namentlich diejenige des Darms. Bei längerer Darreichung jener Mittel wird der Stuhlgang leichter, breiig, endlich diarrhoisch. Bei Jodkali ist es insbesondere die Nasenschleimhaut, welche sich durch Schwellung und dünnschleimige Sekretion unangenehm bemerkbar macht.

Zu der Annahme einer unvollständigen Entleerung von vorhandenem Auswurf oder einer gänzlichen Stockung ist man berechtigt, wenn bei auffallend verringerter Auswurfmenge das Allgemeinbefinden des Patienten ein unbehagliches ist, der Appetit nachlässt und ein Gefühl von Völle oder Druck und Kurzatmigkeit erscheint. Zudem treten, je nach der Natur des nicht entleerten Sekretes (mehr oder weniger eitrig oder gar foetid) Temperatursteigerungen in verschiedener Höhe (bis 39°) auf. Gleichzeitig lässt sich manchmal nachweisen, dass an einer Stelle mit sonst ziemlich reichlichem Rasseln und ziemlich lautem Atmen das Atmungsgeräusch äusserst schwach ist und die Rasselgeräusche fast ganz verschwunden sind. Der Beweis für die Richtigkeit einer solchen Annahme der Sekretretention wird endgiltig erbracht durch die Beseitigung sämtlicher genannter Störungen und durch Wiederkehren des alten Befundes nach Auftreten der gewöhnlichen oder etwas gesteigerten Auswurfmenge.

Das schliesslich entleerte Sputum stellt natürlich nicht ein Reinprodukt des tuberkulösen Prozesses dar, sondern ist mannichfach gemischt mit entzündlichen Produkten an Ort und Stelle der Tuberkulose und der Umgebung, besonders mit dem Sekret der umschriebenen oder einer diffusen Broncheolitis oder Bronchitis, hier nicht zu sprechen von den oft massigen charakteristischen Auswurfstoffen gleichzeitig bestehender Bronchiektasien. Dem Auswurfe sind oft Russ- und Kohlepartikelchen beigemengt, welche erst frisch eingeatmet wurden oder von früher her in der Lunge abgelagert waren. Die Gesamtmenge des Sputums schwankt nicht allein nach der Ausdehnung und Acuität des Prozesses sondern auch zufällig nach gröberen Unterschieden im Feuchtigkeitsgehalte der eingeatmeten Luft. Als Reinprodukte eines tuberkulösen Herdes können nur jenes graue, ziemlich dünnflüssige, fast schleimlose, meist münzenförmige Sputum, welches nach Durchbruch des vorher geschlossenen Herdes sich gewöhnlich nur ein paar Tage hintereinander entleert, und jene bekannten käsigen Partikel angesehen werden. Beide enthalten Tuberkelbacillen in grossen Massen.

Bei heilender Krankheit beobachtet man nicht selten, dass keinerlei Auswurf für einige Tage oder sogar Wochen besteht, um vorübergehend für mehrere Tage oder ein paar Wochen wieder zu erscheinen. Die auswurffreien Zeiten werden schliesslich immer länger, bis endlich — ein besonders glückliches Bewusstsein des völlig Geheilten — überhaupt nichts mehr ausgeworfen wird.

Blutspucken.

Es erscheint nicht auffällig, wenn ein destructiver Prozess eines so blutgefässreichen Organes wie der Lunge Blutungen verursacht, und doch gibt es schwere Lungentuberkulosen, welche niemals während ihres langen, schliesslich tödlichen Verlaufes von Blutungen begleitet waren. Man erklärt diese letztere Erscheinung häufig damit, dass vor der Eröffnung eines Gefässes das Blut in demselben durch entzündliche Vorgänge in seiner Umgebung schon zur Gerinnung gebracht wurde, ohne indessen von dieser Erklärung in allen Fällen befriedigt zu sein. Noch gar nicht geklärt ist eine andre Thatsache, dass beim Zusammensein vieler Kranken ziemlich selten einer allein blutet; meist treten Hämoptoen bei mehreren Patienten zu gleicher Zeit auf, ohne dass besondere Schädigungen des Einzelnen nachzuweisen sind. Man kommt unwillkürlich zur Annahme merkwürdiger Witterungseinflüsse und hat den Eindruck, dass namentlich gewitterschwangere Luft zum Bluten disponiert. Allein viele Aufzeichnungen, wie sie auch hier in Falkenstein über die uns bekannten Faktoren des Wetters gemacht wurden, haben keinerlei Anhaltspunkt gegeben. Barometrischer Druck, Windstärke und -Richtung, Feuchtigkeitsgehalt, Niederschläge, Sonne oder Bewölkung, und alle möglichen Combinationen zwischen diesen einzelnen Erscheinungen und rasche Schwankungen derselben lassen einen Schluss im gedachten Sinne nicht zu. Auch die Jahreszeiten scheinen keine Rolle dabei zu spielen.

Erschütterungen des Thorax durch Stoss oder Fall können gewiss das Auftreten von Blutungen zur Folge haben; aber meistens ist dann alles an Ort und Stelle anatomisch so vorbereitet, dass auch eine Zerrung wie Niessen oder lautes Lachen genügt, das arrodierte Gefäss zu öffnen. Ähnliches gilt von Drucksteigerungen im Gefässsystem bei forcierten muskulären Arbeiten, besonders Heben schwerer Lasten, und mag auch gelten von schnellen Druckschwankungen, wie sie aus irgend einem Grunde, vielleicht aus Anlass heftigen Schrecks, entstehen.

Eine Blutung aus der Lunge erlaubt keinen Rückschluss auf die Schwere der Erkrankung; tritt sie im ersten Verlaufe der Krankheit auf, so ist sie sogar wertvoll für den Patienten, weil er sofort energisch auf seine Krankheit aufmerksam gemacht wird und einen Arzt beizieht. Der Arzt aber muss versuchen, herauszufinden, weshalb und woher die Blutung erfolgte.

Es scheint zweifellos, dass während, vor, weniger nach der Menstruation leicht Blutungen im Respirationstraktus auftreten; soweit dieselben Lunge und Bronchialbaum mit Kehlkopf betreffen, glauben wir nicht, dass sie ohne krankhafte Veränderungen dieser Partien möglich sind, sogenannte vicariirende Blutungen sind doch mehr als verdächtig auf Tuberkulose, solange Hämophilie, Scorbut u. dgl. weniger wahrscheinlich ist. Die Blutungen aus Nase und Cavum machen eine Ausnahme; auch ohne nachweisbare gröbere Veränderungen blutet hier die Schleimhaut bei jedem kleinen Anlass. Es darf bei zähem Katarrh nur eine Kruste abgehen, so kann sogleich oder kurz darauf die betreffende Stelle bluten. Geschieht dies, während der Kranke auf dem Rücken liegt, so fliesst das Blut den Rachen hinunter und wird später „expectoriert“. Aus dem meist geronnenen dunklen Aussehen, mehr aber noch aus der Beimischung von zähem glasigen Schleime oder von Krusten wird man bei einiger Erfahrung leicht die Herkunft des Blutes erkennen. Ein aufmerksamer Kranker wird auch selbst angeben können, ob das Blut auf Kratzen im Rachen oder Ziehen hinten aus den Choanen zum Vorschein kam, ob es beim Schneuzen oder nach dem Schneuzen und nach Ausspülen des Rachens beim Husten sich ebenfalls zeigte oder nicht. Dass oft nur ein einziges blutiges Sputum herausbefördert wird, bildet keinen Gegenbeweis gegen seine Herkunft von der Lunge; denn gewöhnlich blutet nur eine Stelle in dem erkrankten Gebiete, auch sind es häufig nur wenige Tropfen Blutes, welche dem Auswurfe sich beimengen. Ist dieser entleert, so kann der folgende, der an andern geschwürigen Flächen oder von der Bronchialschleimhaut produciert ist, völlig rein sein.

Der Rachen kann gewiss auch bluten ohne schwere Erkrankung, doch ist das entschieden viel seltener als bei Nase und Cavum. Sehr selten blutet es einmal aus kleinen Varicen der Stimmbänder; fast immer sind schwerere Veränderungen vorhanden, wenn aus dem Kehlkopfe eine Blutung erfolgt.

Wie oft es aus der Luftröhre und den groben Bronchien blutet, ist schwer zu sagen; eine heftige Blutung aus der Trachea ist von sehr ernster Bedeutung. Soweit unsere Erfahrung reicht, kann man eine Tracheablutung vermuten, wenn in kurzen Pausen, manchmal fast ununterbrochen, kleine Mengen stets flüssigen reinen Blutes leicht aufgehustet werden, besonders aber wenn sehr bald nach Beginn einer solchen Blutung Verstopfungserscheinungen in den Bronchien eintreten. Eine starke, fast sofort von Atmungslähmung gefolgte Hämoptoe bei kräftigen Personen ist recht verdächtig, aus dem unteren Teile der Luftröhre zu stammen, von wo aus sehr schnell beide Bifurcationsäste verlegt werden können.

Während bis zum Kehlkopf herab durch Untersuchung die blutende Stelle meist gefunden wird, ist das wohl kaum einmal möglich bei Blutungen aus der Trachea. Dagegen sieht man bei Blutungen aus den tieferen Partien nicht selten an der vorderen oder hinteren Trachealwand mit Blut den Weg gezeichnet, den der Auswurf genommen hat. Die Localisation einer leichten Hämoptoe in die eine oder andre Lunge, ist wohl nicht möglich; bei schweren Blutungen aber unterbleibt jede Untersuchung.

Die aus den Lungen selbst und den mittleren Bronchien erfolgenden, wenn auch schweren Blutungen verlaufen sehr selten rasch tödlich, schon deshalb, weil die Überschwemmung und Verstopfung eines grösseren Bronchialgebietes nicht möglich ist, die Grösse des Blutverlustes aber eine viel geringere Rolle spielt. Bei schnell tödlichem Ausgange handelt es sich hiebei meistens um ganz elende, decrepite Kranke, die das Blut nur schlecht aushusten können, noch weniger aber inzwischen gebildete gröbere Gerinnsel herauszubefördern im stande sind. Manchmal kommt der Arzt eben noch recht, ein fassbares langes Gerinnsel aus Larynx und Trachea zu entfernen. Dass bei genannten Kranken auch zufällig einmal während einer Blutung durch Herzschwäche der Tod eintreten kann, bedarf keiner weiteren Betonung.

Blutet es in einer grossen Caverne, so wird sehr häufig ganz plötzlich, oft durch Nase und Mund zugleich, eine grössere Menge Blut entleert; die Blutung scheint bald zu stehen, für Stunden, ja halbe Tage, bis die Caverne wieder vollgeblutet ist und sich von neuem entleert. In den späteren Tagen lässt die Blutmenge nach, und während meist anfangs durch Hereinbluten in benachbarte Lungenbezirke aller Auswurf blutig gefärbt ist, kommt dann nur der Caverneninhalt blutig; das anderweitig gelieferte Sputum zeigt wieder seine gewöhnliche Beschaffenheit. Endlich verliert sich auch aus dem Cavernenauswurf der letzte Rest einer dunkelblaubraunen Färbung.

Der einer Blutung vorausgehende von vielen Kranken empfundene Blutgeschmack im Munde ist wohl durch, wenn auch noch so geringe, blutige Beimischung zu unbewusst verschluckten Auswurfpartikeln verursacht. Nicht selten fühlt auch der Kranke unmittelbar vor und während der

Blutung warmes flüssiges Rasseln in der Luftröhre oder auf einer Seite der Brust. Vielen Blutungen endlich geht ein eigentümliches Druckgefühl, Herzklopfen und Unwohlbefinden bis zur Angst, aber ohne Atemnot, voraus und verschwindet gewöhnlich sobald einiges Blut entleert ist. Bei Hämorrhagien in grösseren Cavernen ist diese Empfindung leicht zu erklären.

Die Differentialdiagnose zwischen einer Blutung aus dem untersten Teile der Speiseröhre oder aus dem Magen und einer Blutung aus den Respirationswegen stösst wohl in der Mehrzahl der Fälle auf keinerlei Schwierigkeit, da, abgesehen von andern Anhaltspunkten, das erbrochene Blut sich charakteristisch („Kaffeesatz“-Farbe) verändert zeigt. Hat der Kranke aber, während des Schlafes, aus den Atmungswegen stammendes Blut verschluckt und erbricht es später, so wird durch die meist immer noch nachfolgenden gefärbten Sputa die Diagnose gesichert. Die Scheidung einer schweren tödlichen Trachealblutung von der Ruptur eines, in den Ösophagus z. B. durchgebrochenen, unserer Kenntnis entzogenen Aortaaneurysmas wird wohl nur die Sektion bringen. Endlich sei noch daran erinnert, dass bei ganz schweren Blutungen aus dem unteren Ösophagus und dem Magen, z. B. bei gewissen Leberkrankheiten (Pfortader), das in enormen Massen schnell entleerte Blut vom Magen völlig unverändert zum Vorschein kommt.

Die Behandlung der in den obersten Atmungswegen bis zum Kehlkopfe ohne vorausgegangene Verletzung erfolgenden Blutungen ist, wenn überhaupt nötig, leicht (s. später). Die Beeinflussung der gröberen Blutungen aus Luftröhre und grossen Bronchien erscheint bislang als unmöglich. Morphin ist nicht angezeigt, weil das Blut sich schnell entleeren muss; vor Inhalationen blutcoagulierender Substanzen aber sei dringend gewarnt. Nimmt man z. B. eine ganz dünne Lösung von Liquor ferri sesquichlorati, so wird sie nichts nützen; nimmt man sie stark genug, so gerinnt natürlich das zunächst damit in Berührung kommende Blut in Larynx oder Trachea. Solche Blutgerinnsel erzeugen sofortige Erstickungsgefahr und man darf froh sein, wenn man sie noch rechtzeitig entfernen kann.

Ist die Herkunft einer Blutung nicht sicher, so behandle man sie bis zur Klärung der Sachlage wie eine Blutung aus der Lunge; dabei wird dem Patienten am wenigsten geschadet. Für diese Behandlung möchte ich erst einige allgemeine Gesichtspunkte vorausschicken.

Ist ein Blutgefäss geöffnet, so wird eine Blutdrucksteigerung beziehungsweise eine Stauung die Blutung unterstützen; andrerseits wird eine Blutung geringer werden, wenn sowohl Druck wie Blutmenge sinken. Man hätte also zu vermeiden, was geeignet ist, eine Blutdruckerhöhung oder gar eine Stauung herbeizuführen und das Gefässsystem zu überfüllen, andrerseits aber, wenn möglich, eine Entlastung der blutenden Partien zu versuchen durch Vermeidung grösserer Flüssigkeitszufuhr und durch Blutbelastung andrer Organe. Endlich wird jede Zerrung der blutenden Teile zu verhüten sein.

Von solchen Gesichtspunkten erscheint mir folgende durch die Erfahrung als berechtigt erwiesene Behandlung gegeben.

Bei leichten wie bei schweren Blutungen ist absolute Ruhe und Bekämpfung des zu starken Hustenreizes erstes Erfordernis; man weiss nie, ob nicht die leichte Blutung zu einer starken wird. Der Kranke gehört sofort ins Bett. Zweckmässig kann man ihm eine Eisblase auflegen lassen.

Ob die Kälte wirkungsvoll bis an die blutende Stelle reicht oder nicht, Thatsache ist, dass der Patient mit Eisblase auf der Brust viel ruhiger liegt. Bezüglich der Application der Eisblase wechselt man zwischen rechtem und linkem Oberlappen ab; falls jedoch der Kranke wähnt, sicher zu sein, dass das Blut von einer bestimmten von ihm gefühlten Stelle kommt, dann lege man selbstverständlich das Eis auch dorthin. Die Haut soll nie so stark abgekühlt werden, dass sie erfriert; ganz leichte durch die Abkühlung auftretende Muskelschmerzen verschwinden sehr rasch wieder. Stuhl- und Urinentleerung muss wie die nötigste Körperpflege (Mundpflege!) und die Nahrungsaufnahme im Bett geschehen bei möglichst geringer Muskelarbeit von seiten des Kranken. Bei der Lagerung, ob Kopf mehr oder weniger hoch, kann man sich z. T. nach dem Wunsche des Patienten richten. Zum Auswerfen des Blutes ist eine leicht sitzende Position das beste.

Dies bisher Gesagte wird gewiss zur Behandlung leichter Blutungen genügen, wenn man noch berücksichtigt, dass auch bei der Nahrungsaufnahme der Kranke nicht zu sehr ermüdet wird, dass er nicht zum Husten reizende Substanzen geniesst und endlich dass für leichten Stuhlgang gesorgt wird. Der leicht Blutende verlässt das Bett wieder, wenn mindestens drei Tage lang der Auswurf wieder völlig rein war, vorausgesetzt dass nicht eine Erhöhung der Körpertemperatur, wie sie in leichtem Grade sehr häufig nach einer Hämoptoe eintritt, eine längere Bettruhe erfordert.

Da die Beurteilung der Schwere einer Blutung im Ermessen des Arztes liegt, die Behandlung auch demgemäss leicht eingerichtet und abgestuft werden kann, so sei im Weiteren der Einfachheit halber die Behandlung einer schweren Cavernenblutung wiedergegeben. Die dabei in rascher Folge lockerer Hustenstösse entleerte Menge beträgt nicht selten 400 bis 500 ccm.

Der sofort ins Bett gebrachte, leicht aufgesetzte Patient erhält eine geübte Pflegerin, welche durch ihre Umsicht und Sorgfalt dem Kranken jedes Sprechen erspart, die ihm alle Bedürfnisse am Gesichte abliest, die geräuschlos und ruhig, ohne zu schleichen, sich bewegt und arbeitet, jegliche Aufregung von dem Kranken fernhält und von sich aus wohlthuende Ruhe und Zuversicht verbreitet. Dem Patienten wird alles, Essen und Trinken und Spucknapf, gereicht, so dass er keine Hand zu rühren braucht; es ist selbstverständlich, dass nur Bettschüssel und Urinvorlage benutzt wird.

Der herbeigerufene Arzt trete nicht mit sichtlicher Hast ins Krankenzimmer, sondern mit der gewohnten Ruhe, mit gewohntem Grusse, nichts darf dem Kranken ein Befürchten oder gar ein zu leicht Nehmen verraten. Was gesprochen wird, sei beruhigend und dem Verständnis des Patienten angepasst, Erörterungen über den Grund der Blutung und sonstiges Plaudern sind als unnütz zu unterlassen. Die Verordnungen des Arztes aber seien bestimmt und von der Sicherheit, die keinen Zweifel aufkommen lässt; der Kranke muss mit dem Erscheinen des Arztes das Gefühl der Ruhe und Geborgenheit gewinnen.

Der Kranke erhält eine Injektion von Morphin (0,01 bis 0,02) oder auch Dionin (0,03).

Mit diesen Injektionen wird verschiedenes erreicht: Erstens die möglichste Einschränkung des Hustens. Es ist von ganz besonderem Werte, dass das ausgetretene Blut nicht sofort abgehustet werde; bleibt es nur eine kurze Zeit liegen, so wird es gerinnen und die weitere Blutung verringern oder verhindern. Bestehen also keine triftigen Gegengründe, so wird man mit der nächstfolgenden Injektion nicht so lange warten, bis wieder erneuter Hustenreiz eintritt oder die Blutung sich wiederholt. Man wird innerhalb 24 Stunden 3 bis 4 Injektionen machen, jede zu 0,01 g, falls dringend nötig noch mehr. Die Dosis wird natürlich dem Einzelnen angepasst, der Effekt wird durch wiederholte Besuche des Arztes kontroliert. So wird der Kranke für 2 Tage oder etwas länger unter leichter ständiger Morphinwirkung gehalten. Bei dieser Art der Darreichung von Narcoticis wird man auch sehr schwere Blutungen meist ziemlich rasch stehen sehen. Ich muss nochmals betonen, dass es verkehrt ist, bei solchen Blutungen in der ersten Zeit erst dann die Morphininjektion zu wiederholen, wenn starker neuer Hustenreiz eintritt, oder die Wiederkehr der Blutung dazu zwingt. Dabei bekommt oft der Kranke viel mehr Morphin mit viel geringerer oder mangelnder Wirkung.

Zweitens bleibt der Kranke absolut ruhig, empfindet die Unbequemlichkeit des auf „einem Fleck“ Liegens gar nicht, es kommt vielmehr eine gewisse Behaglichkeit und Zuversicht über ihn.

Endlich kann man erwägen, ob nicht die Morphininjektionen durch die daraus folgende Gefässerweiterung (Sinken des Blutdruckes) günstig wirken.

Scheint die Blutung wirklich zu stehen oder ist sie in den nächsten Tagen nur sehr gering, so wird man mit den Dosen der Narcotica allmählich herabgehen, man wird die Tagesinjektionen durch innerliche Darreichung ersetzen, endlich auch Nachts die Einspritzung weglassen, bis, entsprechend der Geringfügigkeit des Hustens, diese Mittel beiseite gelassen werden.

Ein andres, rein mechanisches Mittel, das bei vielen längere Zeit in Vergessenheit geriet, aber anscheinend sehr günstig bei Blutungen wirkt, ist die Umschnürung der unteren und oberen Extremitäten, so dass eine venöse Stauung entsteht. Der Puls an der Radialis und Dorsalis pedis muss noch fühlbar sein. Zur Umschnürung werden um die Oberarme und Oberschenkel möglichst weit proximal die Assalinschen Schnallen angelegt, doch dienen kräftige gewöhnliche Hosenträger (Esmarch) und entsprechend zusammengefaltete Tücher ebensogut diesem Zwecke.

Länger als 1 Stunde sollte ein und dasselbe Glied nicht gestaut werden; man wird also zuerst alle vier Extremitäten stauen, bald aber in genannten Pausen so abwechseln, dass immer ein Arm und das gegenüberstehende Bein zu gleich gestaut werden. Die neue Kompression hat immer vor Lösung der alten zu geschehen.

Über die von einem Amerikaner sehr empfohlene angeblich sicher wirkende Methode der Compression der betreffenden (?) Brustseite mittels Heftpflasterstreifen oder Bandage habe ich bislang keinen Grund gefunden eigene Erfahrungen zu sammeln.

Eine besondere, in ihrer Wirkung souveräne Behandlung haben jene starken Blutungen zu erfahren, welche durch Stauungen unterstützt und unterhalten werden. Solche Stauungsblutungen sind zu vermuten bei mangelhafter Herzthätigkeit, sie sind fast stets mit Sicherheit anzunehmen bei der Complication einer Lungenerkrankung (auch Bronchiektasien mit ihren Blutungen) durch einen Herzklappenfehler, auch wenn keine ausgesprochene Compensationsstörung nachzuweisen ist. Man gebe sofort Digitalis (0,5 bis 0,6 g im Tage) und suche die Herzarbeit bis zum Eintritt der Digitaliswirkung zu steigern durch Strophantus, schwere Alcoholica, Champagner, vor allem aber durch Injektionen von Coffein (0,1 g nach Bedarf 3 bis 4 mal des Tags). Ganz zu entbehren sind aber auch hierbei die Narcotica nicht. Über die, wahrscheinlich günstige, Wirkung eines Aderlasses bei kräftigeren Kranken haben wir keine eigene Erfahrung.

Wenn man empfohlen hat, bei Lungenblutungen die Kranken herumgehen und ausgiebig atmen zu lassen, so glaube ich, wird es sich im Falle günstigen Erfolges wohl ebenfalls um Stauungsblutungen gehandelt haben.

Da im Einzelfalle die Diagnose der Stauung nicht gleich auf der Hand liegt, so handle man bis zur Klarstellung nach den schon oben dargelegten Grundsätzen.

Es gibt nun eine ganze Reihe von Medikamenten, welche bei Lungenblutungen im allgemeinen empfohlen sind. Sie verdanken ihre Empfehlung z. T. ihrer günstigen Wirkung bei uterinen Blutungen. In Ermangelung eines Besseren sind sie gegeben worden und werden leider immer noch gegeben, obwohl jeder sich immer wieder gesteht, dass allerdings die Lunge kein Uterus ist. Wenn viele jener Mittel auch unschuldig sein mögen, so gilt dies m. E. doch z. B. nicht von Secale cornutum und dessen Präparaten, weil sie durch Gefässcontraction den Blutdruck steigern. Wir wenden sie seit längerer Zeit schon nicht mehr an. Zu vermeiden ist ferner das hier wohl ganz unnütze und eher schädliche Bleiacetat. Gelingt es dem Arzte nicht, seinen Patienten ohne eine vermeintlich blutstillende Arzenei zu beruhigen, so gebe er etwas Gleichgiltiges wie ganz schwache Salzsäure- oder Schwefelsäure-Mixtur („Haller'sches Sauer“), die wenigstens das Gute haben, dem Patienten den peinlich unangenehmen Geschmack im Munde zu vertreiben.

Neuerdings hat man grössere Mengen Gelatine injiciert und damit gute Erfolge bei allerlei inneren Blutungen gesehen. Da die wenigen Patienten, welche wir bisher injicierten, über starke Schmerzen klagten, am nächsten Tage sehr hohe, wenn auch rasch wieder abfallende Temperaturen aufwiesen, die Blutung aber unbeinflusst blieb, so haben wir vorerst von jenem Verfahren Abstand genommen; ein

Urteil über die Brauchbarkeit desselben steht uns daher nicht zu.

Es ist leicht einzusehen, dass man bei schweren Blutungen nicht gerne Zeit versäumt durch Experimentieren mit nicht hinlänglich bekannten Mitteln, zumal wenn man Grund hat, mit einer schon praktisch erprobten Methode recht zufrieden zu sein.

Ernährung bei Blutungen. Wie früher schon angedeutet, tritt bei leichter Hämoptoe keine wesentliche Änderung der Diät ein. Man wird dem Kranken eben keine zum Husten reizende Speisen und Gewürze zuführen und ihm nicht gerade eine Nahrung geben, welche Unbequemlichkeiten beim Zerschneiden und Mühe beim Kauen macht. Bei schweren Blutungen wird man im Interesse der Ruhe des Kranken für den ersten oder die beiden ersten Tage nur wenig flüssige, dünnbreiige Kost, verquirlte rohe Eier u. dgl. verabreichen. Es ist aber nicht richtig, den Blutenden während der ganzen Dauer der Blutung lediglich durch Milch und andre flüssige Kost ernähren zu wollen. Soll die Ernährung eine nicht zu dürftige sein, dann wird das zugeführte Flüssigkeitsquantum entschieden zu gross. Trotz aller sonstigen Vorsicht kann man es aber bei kräftigen Personen erleben, dass eine Blutung erst steht, wenn die Überladung des Körpers mit Flüssigkeit aufgehört hat. Überdies ist auch die Kotbildung bei reichlichem Milchgenuss gar nicht so gering, wie man wünschen möchte. Es ist ferner nicht richtig, dem Kranken immer nur alles kalt reichen zu wollen. Soweit das Heisse den Rachen nicht zur Auslösung von Husten reizt, mag der Kranke getrost seine Speisen warm geniessen. Die in den Magen gebrachten Speisen, gerade die kompakteren, werden, wenn sie etwas bewirken, eine stärkere Blutzufuhr zu den Verdauungsorganen veranlassen, also eher nützen als schaden.

Das Kauen der kompakten Speisen wird dem Kranken sehr erleichtert oder ganz erlassen dadurch, dass man Fleisch und sämtliche Zuspeisen in feingewiegten oder breiigen Zustand bringt. Auf diese Weise kann ein Kranker, wenn nicht am ersten oder zweiten Tage der Blutung, so doch fernerhin alles essen, was ihm schmeckt; und es wird ihm gewiss auch leichter werden sich genügend zu ernähren, wenn er sich nicht bloss mit Flüssigkeiten vollfüllen muss. Durch solche Ernährung wird es auch vermieden, dass der Kranke zu sehr in seinem Kräftezustand herunterkommt. Der bei grösseren Blutungen immer vorhandene Durst wird ja wohl durch Narcotica gemildert, kann aber ganz zweckmässig durch kühle Getränke in kleinen Mengen, wie Thee, Eisstückchen, Wasser und Wein gestillt werden. Denn es liegt nicht der geringste Grund vor, weshalb man dem Blutenden Wein oder andere Alkoholica in geringem Volumen verbieten sollte. Es ist hier ein kleiner Schlendrian eingerissen; einer betet dem andern nach, bei Blutungen sei Alkohol „contraindiciert". Nun, ich will mich nicht gerade auf die Erwägung versteifen, dass Alkohol neben seiner herzanregenden Wirkung die Oberflächengefässe, mindestens die der Haut, erweitert, also dadurch wohl eine Entlastung der Lunge wahrscheinlich macht, ich will lediglich von der reichlich genügenden praktischen Erfahrung sprechen, dass weder Darreichung von Alkohol bemerkbaren Schaden, noch ängstliche Abstinenz davon bemerkbaren Nutzen gestiftet hätte. Ist aber die Herzthätigkeit mangelhaft, so ist Alkohol direkt „indiciert". Er soll aber, wie oben gesagt, nicht in grossen Flüssigkeitsmengen zugeführt werden.

Eine besondere Aufmerksamkeit ist dem Stuhlgange zu widmen. Es tritt infolge der abnormen Ruhe und der Narcotica sehr leicht starke Verstopfung ein. Ein, zwei, ja drei Tage mag man bei schweren Blutungen die Darmentleerung vermeiden, allein länger sollte man nicht zuwarten. Bei sehr geübtem Pflegepersonal, welches den Kranken nicht im geringsten aus seiner Ruhelage bringt, kann man kleine Salzwasserklystiere, Injektionen von 10—20 ccm Glycerin geben lassen, sonst verwende man leicht abführende Salze und Pulver per os, jedenfalls aber keine Substanzen, welche unbequem zu schlucken sind oder gar Würgen und Erbrechen verursachen können. Die Darreichung von abführenden Substanzen per os scheint mir den Vorzug vor den Klystieren zu haben, dass sie durch vermehrte Flüssigkeitsabscheidung im Darm, àuch durch vermehrte Blutfülle dieses Organs, das Gefässsystem im ganzen entlastet. Unter diesem Gesichtspunkte möchte ich auch die Darreichung von Kochsalz erwähnen, welche als „Hausmittel" bei Blutungen vielleicht keinen unberechtigten Ruf geniesst. Beim Stuhlgang soll der Kranke soweit wie möglich das Pressen vermeiden.

Schliesslich sei noch eine Art der capillären Flächenblutung erwähnt, welche den sonst eitrigen Auswurf so innig mit wenig Blut mischt, dass nur eine leise Rosa- oder Safranfärbung resultiert; diese von Cavernenwänden und sonstigen Ulcerationen herrührenden Blutbeimischungen haben, sobald eine mehrtägige Beobachtung in Ruhe des Kranken gezeigt hat, dass reines Blut mit dem Auswurf nicht entleert wird, keinerlei Bedeutung und beanspruchen keinerlei Rücksichtnahme; sie halten oft sechs bis acht Wochen an, um dann für immer oder für mehrere Wochen zu verschwinden.

Die gefährlichen Folgen einer nicht direkt tödlichen sonst noch so schweren Blutung bestehen nicht sowohl in dem Blutverlust an und für sich, sondern vielmehr in Aspiration und den hierdurch hervorgerufenen Fremdkörperpneumonien; viel geringer scheint mir die Gefahr einer allgemeinen Propagation der Tuberkulose zu sein.

Während nach den meisten, auch leichteren Blutungen Temperatursteigerungen mässigen oder auch höheren Grades (bis etwa 39°) eintreten, aber bald wieder sinken, setzt die schwere Aspirationspneumonie gewöhnlich acut und nicht selten mit Frost ein bei einem Temperaturmaximum von über 39°, 40° und darüber. Der immerhin schon unangenehm fade riechende blutige Auswurf wird rasch direkt übelriechend und stinkend, er wird reichlicher und bekommt ein missfarbenes dunkelbraunbläuliches Aussehen. Der objektive Befund ergibt ziemlich starke Dämpfung mit erst feineren, später gröberen feuchten Rasselgeräuschen bei abgeschwächtem, leicht hauchendem Atmen. Das Allgemeinbefinden, Appetit, Schlaf sind schlecht, starke Kopfschmerzen, auch Erbrechen nicht selten. Endigt bei sehr widerstandsfähigen Kranken und nicht zu grosser Ausdehnung der ursprünglichen Erkrankung alles gut, so geht die Temperatur im Verlaufe von 4 bis 8 Wochen allmählich zur Norm herunter; im anderen Falle steigt die Temperatur manchmal bis 41° und darüber, der Kranke gewinnt das Aussehen eines rein septisch Inficierten und stirbt schliesslich im Verlaufe von etwa 6—8 Wochen unter den Erscheinungen des Herztodes. Bemerkenswert ist, dass — im Gegensatz zur acuten Miliartuberkulose der Lunge — in der Regel eine stärkere Dyspnoe erst bei endgiltigem Nachlasse der Herzthätigkeit auftritt.

Die Behandlung besteht in protrahierten Priessnitz'schen Umschlägen um die Brust, welche das Auswerfen erleichtern, in Mässigung der Temperatur und Besserung des Allgemeinbefindens durch Antifebrilien, in Darreichung von Stimulantien und von Narcoticis. Kopfschmerzen werden durch Auflegen von Eisblase gemildert. —

Miliartuberkulose.

Bei der Miliartuberkulose hat man die rasche Aussaat der Tuberkulose über einzelne Organe von allgemeiner Miliartuberkulose des Körpers zu unterscheiden. Während man bei der über beide Lungen ausgedehnten Dissemination durch die Section häufig noch makroskopisch eben sichtbare vereinzelte Tuberkel in anderen Organen, besonders in Leber und Milz, entdeckt, ist andrerseits nicht gar selten eine miliare Tuberkulose auf einen der Lungenunterlappen beschränkt. Die allgemeine Miliartuberkulose und die über beide Lungen ausgedehnte ist als rasch tödliche Erkrankung bekannt; die über einen der Unterlappen disseminierte verträgt sich oft längere Zeit mit dem Leben. Im ersteren Falle sind die klinischen Erscheinungen, vor allem die ausgesprochene Atemnot sehr charakteristisch und kaum zu missdeuten; im letzteren aber stösst die Diagnose während des Lebens auf recht erhebliche Schwierigkeiten. Eine durch Autopsie festgestellte disseminierte Unterlappentuberkulose gibt das anatomische Bild einer starken entzündlichen Hyperämie und Exsudation mit gleichmässig eingestreuten, nach ihrem Alter grösseren oder kleineren, meist ganz gleichgrossen manchmal schon in Verkäsung begriffenen Tuberkeln; die um jeden Tuberkel erzeugten entzündlichen Einzelherde sind eben zusammengeflossen. Es ist sehr klar, dass während des Lebens physikalisch nur diese Entzündung, nicht aber deren Ursache nachgewiesen werden kann. Nur der immer schlechte Verlauf lässt noch ante mortem eine Diagnose der Tuberkulose zu. Man ist ja oft versucht, eine Unterlappentuberkulose, disseminiert oder confluiert, ja manchmal sogar Cavernen daselbst nach den klinischen Erscheinungen anzunehmen und wird durch den späteren anatomischen Nachweis chronisch-entzündlicher Vorgänge aus andern Ursachen (Bronchiektasien, Tumoren) gründlich widerlegt. So lange man also sich nicht direkt gezwungen fühlt, verzichte man darauf, aus dem klinischen physikalischen Befunde zu bestimmte Schlüsse zu machen. Man vergegenwärtige sich, dass von den Gründen für jene chronischen entzündlichen, für längere Zeit gutartig verlaufenden Zustände im Unterlappen die Tuberkulose der seltenere ist. Immerhin sprechen eine auffällige Kurzatmigkeit, Temperaturen um 39° herum mit nur geringen Remissionen (37,9; 38, . .), sehr schwerer Allgemeinzustand, auch deutliche Diazoreaktion des Harns gewiss für Tuberkulose. Eine auffallende Vermehrung der Tuberkelbacillen in dem wenig eitrigen Auswurfe wird man recht oft vermissen.

Die Möglichkeit multipler tuberkulöser Metastasen in Organen ausserhalb der Lungen darf nicht vergessen werden; dieselbe während des Lebens zu diagnosticieren, sind die klinischen Erscheinungen sehr häufig viel zu gering oder viel zu unklar.

In einem Falle von sehr schwerer Kehlkopf-, Bronchial-, auch Lungentuberkulose glaubten wir denselben Prozess mit Destructionen im rechten Unterlappen mit Sicherheit annehmen zu müssen; die Sektion zeigte, abgesehen von mässig starken älteren tuberkulösen Veränderungen in beiden Oberlappen, leichte Bronchiektasien im linken Unterlappen und schwere bronchiektatische Veränderungen mit chronischem entzündlichen Zustande der Lunge (ohne Bronchialcavernen) im rechten Unterlappen; aber multiple bis welschnussgrosse verkäste Knoten und entsprechende Entzündung in der Milz.

Die Therapie auch der sichergestellten disseminierten Tuberkulose ist eine rein symptomatische (s. Fremdkörperpneumonie).

Fieber.

Fieber ist ein Symptomenkomplex, der sich im wesentlichen aus zwei Faktoren zusammensetzt; aus Symptomen einer Intoxication und aus erhöhter Temperatur. Beide Faktoren scheinen auch für sich allein bestehen zu können oder kombiniert aufzutreten, zum mindestens trifft das für Lungentuberkulose und deren entzündliche Complicationen zu. Den Intoxicationserscheinungen bei Fieber scheinen mir anzugehören die Störungen des Allgemeinbefindens wie Unbehagen, auffallende Mattigkeit und Elendfühlen, Kopfschmerzen, Schwindel, Appetitmangel, Übelkeit, ferner Erbrechen, manchmal auch Diarrhöen, Muskelschmerzen, vielleicht auch Neuralgien, schlechter Schlaf, psychische Unruhe, Schweiss. Die fieberhafte Temperatur für sich ganz allein macht gewöhnlich nur Gefühl von leichtem Frösteln bis zu starkem Schüttelfrost während des Ansteigens, Wärme- oder Hitzegefühl während der Höhe, eventuell Schweiss während des Abstiegs. Diese Trennung der Symptome mag künstlich erscheinen, weil sie in der Mehrzahl der Fälle praktisch nicht vorhanden ist; doch gibt es genug Beobachtungen, bei welchen Intoxicationserscheinungen in grosser Schwere vorhanden sind und im Vordergrunde des Krankheitbildes stehen, ohne dass die Körpertemperatur im allergeringsten erhöht wäre, und gibt andrerseits auch Beobachtungen, bei welchen trotz geringer oder sogar starker Erhöhungen der Eigenwärme gar keine Allgemeinbeschwerden geklagt werden oder nur leichter Kopfschmerz beim raschen Fieberanstieg, dabei ist der Schlaf und Appetit sehr gut. Es ist zweifellos, dass bei der meist sehr langsam, im Verlaufe von Wochen, immer nur um Zehntelgrade ansteigenden Temperatur die Kranken das Auftreten des Fiebers überhaupt nicht oder sehr spät an Schweissen und Frösten bemerken, und dass sie an die Schädlichkeit von Toxinen sich gewöhnen, etwa wie an andre gewohnheitsmässig genommene Gifte. Diese Gewöhnung an Fieber mit all seinen Erscheinungen ist nicht sehr auffallend bei Temperaturen von 38 oder dgl.; bemerkenswert aber erscheint es, wenn z. B. ein Oberst bei abendlichem Fieber um 39 herum seinen Dienst ohne Beschwerde verrichtet, oder ein Stabsarzt mit abendlicher Temperatur von über 39 sogar auszurücken und stundenlange zu Pferde zu sitzen im stande ist. Gewiss haben gar manche, die in Behandlung kommen, mit mässigem oder höherem Fieber längere Zeit vorher noch angestrengt gearbeitet, soweit das aus Erzählungen und Beschreibungen zu folgern ist; ich habe nur jene Beiden angeführt, bei welchen durch das Thermometer die Höhe der Temperatur wiederholt festgestellt worden war. Angesichts solcher Thatsachen berührt es recht eigentümlich, wenn in einem Anstaltsberichte zu lesen steht, es werde die Temperatur nur gemessen, wenn Fieber vorhanden sei.

Einzelne Kranke zeigen hingegen allerdings eine ganz besondere Empfindlichkeit gegen erhöhte Temperatur oder deren Begleiterscheinungen und fühlen sehr unangenehm schon die Steigerungen von 2 bis 3 Zehnteln über ihre normale Eigenwärme.

Wir bezeichnen eine Temperatur, deren Maxima 37,3 bis 37,9 betragen, als leicht erhöht und subfebril; Maxima zwischen 38 und 39 als Fieber, solche über 39 als hohes Fieber. Was als Collapstemperatur anzusprechen sei, möchte ich nicht in bestimmten Zahlen ausdrücken, weil es sich hierbei um das Verhältnis dieser Minima zu den vorangegangenen Temperaturen und um anderweitige Collapssymptome handelt; so ist für einen wochenlang Hochfiebernden vielleicht 36° schon eine Collapstemperatur, bei einem andern mit gewöhnlich weniger hohen Steigerungen erst 35 oder noch niedriger. Mit zunehmender Schwäche büsst der Körper entschieden auch die Fähigkeit ein, auf fiebermachende Reize entsprechend zu reagieren; es ist nicht selten, dass ganz langsam und ohne Collapserscheinungen bei ziemlich gutem Befinden die Körperwärme von mässigem Fieber zur Norm herabsinkt und einige Tage zur Freude des Kranken normal bleibt, bis eines Tages der Tod erfolgt.

Über normale und subfebrile Temperaturen wurde schon früher gesprochen; ich möchte nur wenig noch anfügen. Man findet normale Temperaturen nicht bloss bei in sich völlig abgeschlossenen und geheilten Tuberkulosen ohne jede Absonderung, sondern auch bei kleineren, auch grösseren Cavernen mit ziemlich reichlichem eitrigen Auswurf, falls eben keine gröberen entzündlichen Erscheinungen vorhanden, die Caverne zuverlässig gegen die Umgebung abgegrenzt ist und das eitrige Sekret ungehindert sich entleert. Man findet die subfebrilen Temperaturen bei aktiver Tuberkulose und bei den consecutiven Entzündungen derselben wie der chronischen Bronchiolitiden. Die wirklich fieberhaften und ganz hohen Temperaturen sind nur in Ausnahmefällen (disseminierte, allgemeine Miliartuberkulose) von Tuberkulose in der Hauptsache verursacht. Im allgemeinen wird man nicht fehlgehen, wenn man starke entzündliche Erscheinungen, Eiterungen für dieses Fieber verantwortlich macht. Namentlich wenn der Fieberverlauf grosse Differenzen zwischen Minimum und Maximum aufweist („steile Curve"), wenn er bis 39° und darüber hinaus für einige Zeit sein Maximum hat, auch starke Remissionen oder gar fast normale Temperatur vortäuschende Intermissionen zeigt, so handelt es sich gewiss um heftiges Eiterfieber, um beginnende oder schon im Gange befindliche grössere Einschmelzung. Die physikalische Untersuchung wird in solchen Fällen meist nicht lange im Zweifel lassen, wo der Herd dieser eitrigen Entzündung sitzt.

Die beste Behandlung des Fiebers wäre natürlich diejenige, welche die Ursache desselben verringert und beseitigt. Und thatsächlich genügen wir in nicht wenig Fällen dieser indicatio causalis. Die wiederholt genannten subfebrilen Temperaturen als Ausdruck einer aktiven Herderkrankung werden am besten bekämpft durch die Mittel, welche die Behandlung der Krankheit selbst ausmachen, durch Bettruhe und Luftruhekur; das Verschwinden jener Temperaturen bedeutet denn auch den ersten und zugleich grössten Schritt in der wirklichen Besserung der Krankheit. Wenn es uns ferner gelingt, bei Retention von eitrigem Auswurf entstandenes Fieber durch Entleerung der fiebermachenden Substanzen die ganze Störung zu beseitigen, oder wenn wir bei leichten chronischen entzündlichen Zuständen in den feinen Bronchien und um dieselben (z. B. nach Pleuritis) die mässig erhöhte Körpertemperatur durch entsprechende Bewegung des Kranken zur Norm herunterbringen, so darf das gewiss ebenfalls als eine ursächliche Behandlung betrachtet werden. Eine symptomatische Behandlung soll überhaupt nur da Platz greifen, wo eine ursächliche nicht möglich ist oder deren Wirkung sehr spät erscheint, während gleichzeitig die Fiebersymptome dem Kranken zu lästig werden oder gar die Durchführung der ursächlichen Behandlung vereiteln (zu schlechte Nahrungsaufnahme).

Jeder Kranke mit febrilen und subfebrilen Temperaturen gehört vorerst ins Bett. Und im Bette bleibt er so lange, bis entweder die Temperatur für einige Tage schon normal gewesen ist, oder man zur Überzeugung kommt, dass die Bettruhe keinerlei günstigen Einfluss auf Krankheit und Temperatur mehr ausübt. Es ist unerlässlich, dem Kranken genau zu sagen, was man unter Bettruhe versteht, und genau ihm vorzuschreiben, ob und wie weit hierin kleine Unterbrechungen gestattet werden können, sonst wird der Patient zur Toilette, zum Essen, zum Schreiben u. s. w. aufstehen und der erwartete Effekt der Bettruhe wird ausbleiben. Diese Belehrung des Kranken setzt aber voraus, dass der Arzt selbst sich den Begriff der Bettruhe recht klar gemacht hat. Wer einen Kranken, der z. B. 38° Nachmittags misst, ins Bett legt, am nächsten Morgen aber wieder aufstehen lässt, weil die Temperatur wieder „normal" ist, am Nachmittag ihn aufs neue ins Bett schickt, weil — merkwürdig genug — „wieder" Fieber aufgetreten ist, der handelt in kurzsichtiger Unklarheit und hat nicht das Recht, über Misserfolg einer Bettruhe zu sprechen. Das genannte Verfahren ist nur zulässig bei hoffnungslosen Kranken, deren Lust aufzustehen vernünftigerweise Rechnung getragen werden soll, falls sie die nötige Kraft noch haben.

Eine nicht ganz einfache Sache ist es, zu entscheiden, wann die Bettruhe aufgegeben werden solle, trotzdem die Temperatur noch erhöht ist. Dettweiler nimmt an, dass im allgemeinen der Patient wieder aufstehen soll, wenn sich vierzehn Tage lang trotz strenger Bettruhe die Temperatur gar nicht geändert hat. Ich möchte eine bestimmte Zeit nicht anzugeben wagen, halte jedoch zwei Wochen für zu kurz. Ich plaidiere für ein Handeln nach folgenden Gesichtspunkten. So lange man nicht zu der Überzeugung gekommen ist, dass der Zustand eines Kranken hoffnungslos sei, lasse man ihn lieber zu lange als zu kurze Zeit im Bett liegen; immer aber muss zur Entscheidung nicht die

Temperatur allein sondern namentlich der Lungenbefund und der Allgemeinzustand beigezogen werden. Lässt sich nach dem Befunde und dessen Veränderungen erwarten (z. B. bei abgegrenzten destruktiven Prozessen), dass die Bettruhe dem Kranken von Werte ist, so verliere man nicht zu früh die Geduld, auch wenn diese Bettruhe vier oder sechs oder noch viel mehr Wochen dauern müsste. Ist keinerlei Affektion irgendwelcher Art in einem der Lungen-Unterlappen schon vorhanden, so braucht man sich — ganz elende ältere Personen ausgenommen — vor dem Entstehen von Hypostasen durch das Liegen nicht zu fürchten. Bei sehr lange Zeit durchgeführter Bettruhe ist nur nicht zu vergessen eine peinliche Hautpflege (Bäder, Waschungen, spirituöse Abreibungen, Essigwasserwaschungen, Luft- oder besser Wasserkissen, bevor Decubitus aufzutreten droht), ferner möglichst gute Ernährung, endlich Massage der Muskulatur. Findet man nun aber trotz mehrwöchiger Bettruhe keinerlei günstige Veränderungen irgendwelcher Art, so macht man, nicht zu schlechter Allgemeinzustand vorausgesetzt, den Versuch, den Kranken aufstehen zu lassen. Er liegt auf einer bequemen Chaiselongue am offenen Fenster oder auf dem Balkon, wird später, wenn angängig, ins Freie gebracht und liegt hier ebenfalls mit Ausnahme der dringend nötigen Gänge. Man sieht nicht selten, dass wider Erwarten doch noch die ungünstigen Erscheinungen zurückgehen und die Krankheit bei normaler oder fast normaler Temperatur einen befriedigenden Verlauf nimmt.

Abgesehen von der Bettruhe kommen bei der Fieberbehandlung — wie schon oben angedeutet und früher ausgeführt — noch Priessnitzische Umschläge und Expectorantien in Betracht.

Die symptomatische Behandlung des Fiebers besteht

in der Application der genannten Umschläge, der Eisblase, temperierter Bäder und in der Darreichung von Antifebrilien. Zu solchen Medikamenten, welche die erhöhte Körperwärme sehr erheblich beeinflussen, greife man erst, nachdem man sich über den Charakter der Temperaturen orientiert und auch Klarheit gewonnen hat über etwa vorliegende intercurrente fieberhafte Erkrankungen; sonst benimmt man sich eines der wichtigsten diagnostischen Hilfsmittel. Ist man aber hinreichend über Art der Temperatur und ihrer Schwankungen informiert, so sträube man sich nicht gegen die Anwendung jener Mittel, wenn sie allein dem Patienten Erleichterung und Nutzen bringen durch ihre recht vielseitige Wirkung.

Ist man nach vorsichtigen Versuchen zu einer nach Zeit und Dosis regelmässigen Darreichung gekommen, so wird man trotz der Antifebrilien das Verhalten der Temperaturcurve meist recht gut beurteilen können, weil die sie alterierenden Bedingungen für jeden Tag die gleichen sind.

Die Fiebermittel, fast alle zu gleicher Zeit Nervina, beeinflussen den ganzen Symptomenkomplex des Fiebers; so wirken sie auch als appetitanregende Mittel und Schlafmittel. Man wird also z. B. einem appetitlosen oder die Nahrung ganz verweigernden Fieberkranken eine Stunde vor dem Mittag- und Abendessen, falls zu diesen Zeiten die Temperatur störende Steigerungen aufgewiesen hat, eine kleine Dosis eines Antifebrile geben (0,1—0,2 Pyramidon, 0,12 Acetanilid, 0,5 Antipyrin etc.) und ihm dadurch das Essen, vielleicht sagar mit Appetit, ermöglichen. Man wird weiterhin eine Stunde vor dem beabsichtigten Einschlafen die Temperatur etwas erniedrigen; das Fiebermittel wird dann allein, oder ein Schlafmittel wird erst im Vereine mit jenem die gewünschte Wirkung entfalten. Zweierlei Vorsicht ist hierbei immerhin geboten; man gebe das Antifebrile nicht zu kurz vor dem Essen oder Schlafen, da etwa eintretender Schweiss noch viel mehr stört als unbeeinflusstes Fieber. Der Kranke muss, falls er schwitzt, noch vor dem Schlafen oder Essen wieder in behagliche Verfassung gebracht sein. Man gebe ferner kein Antifebrile oder eine nur winzige Dosis zu einer Zeit, wo die Temperatur schon im Absteigen begriffen ist oder wo gar schon die Haut transpiriert; sonst kann man leicht Collapstemperaturen bekommen, nach welchen unter starkem Frost die alte Fieberhöhe erreicht wird.

Andrerseits aber ist es oft recht zweckmässig den sehr raschen Anstieg und die zu erreichende Höhe zu mildern durch zeitige Darreichung genannter Mittel. Hierzu dürfen die Dosen aber nicht zu klein genommen werden, nicht weniger als 0,2 Pyramidon, 1,0 Antipyrin, 0,5 Phenacetin, 0,25 Acetanilid; auch grössere Gaben werden bei dieser Gelegenheit sehr gut vertragen. Sehr vorteilhaft gibt man zu gleicher Zeit heisse Getränke ohne oder besser noch mit Alkohol, man deckt den Kranken gut zu, Kräftigeren mag man auch ein sehr warmes Bad direkt am Bett geben und sie dann in gewärmtem Bett reichlich einwickeln. Man sucht also, die dem schnellen und hohen Fieberanstieg Vorschub leistende Contraction der Hautgefässe zu lösen. Hat man durch Beobachtung Kenntnis von der gewöhnlichen Zeit des Frosteintrittes, so kann man nicht selten durch prophylaktisches Handeln dem Kranken den ganzen Frost thatsächlich ersparen. Diese Art der Fieberbehandlung erweist sich besonders dankbar gerade in terminalen Fällen.

Hat nun ein Kranker hohe Temperaturen den ganzen Tag über und reagiert er auch auf kleine Dosen der Antifebrilien unangenehm mit raschem Abfall der Temperatur und Schweiss und wieder Frösteln, so erreicht man eine ziemlich gute Wirkung ohne die genannten Störungen durch die häufige Darreichung ganz kleiner Gaben jener Fiebermittel. Man gibt z. B. 6—8—10—20 Pillen über 12 bis 24 Stunden gleichmässig verteilt, wobei 1 Pille enthält 0,05—0,1 Phenacetin oder 0,025—0,05 Acetanilid u. s. w., also den zehnten bis fünften Teil der meist üblichen Einzeldosen. Von Pyramidon wird man 20—30—40 Tropfen einer 1 % wässrigen Lösung mehrmals geben.

Hat man nun erreicht, dass tagsüber leidliche Temperaturen herrschen, so entdeckt man manchmal Fieber während der Nacht: der Temperaturanstieg mit Maximum erscheint durch die Behandlung einfach verschoben. Falls hieraus dem Kranken Beschwerden erwachsen, wie schlechter Schlaf, morgendliche Kopfschmerzen, gebe man Abends eine etwas grössere Dosis eines länger wirkenden Fiebermittels und lasse dieselbe, wenn nötig, auch während der Nacht wiederholen. In einzelnen Fällen sind alle Tifteleien vergeblich.

Das beste Antipyreticum ist z. Z. wohl Pyramidon; es wird am bequemsten in Lösung gereicht, z. B. enthält ein Esslöffel einer wässerigen Lösung von 1,2 auf 90,0 die Dose von 0,2. Pyramidon wirkt anscheinend am längsten von allen dergleichen Mitteln und sehr schonend. Ihm reihen sich als vortrefflich an Acetanilid (immer in kleinen Dosen am wertvollsten), Antipyrin und Phenacetin. Eine ganze Reihe andrer Antifebrilien haben sich den genannten bislang nicht als ebenbürtig erwiesen.

Man kann die in Rede stehenden Mittel lange Wochen anwenden, ohne für den Kranken unangenehme Nebenwirkungen zu erleben, solange man die dargereichte Menge nicht zu hoch greift. Bei andauernder Notwendigkeit, das Fieber zu mildern, wechselt man mit den Präparaten, da eine gewisse Gewöhnung an ein Mittel die Wirkung desselben beeinträchtigt. Die Reaktion der einzelnen Kranken auf die einzelnen Mittel ist eine verschiedene.

Da beim Fieber die Ausgaben im Körperhaushalte sehr erhöht sind, so hat die Ernährung des Kranken die bestmögliche zu sein; sie kann oft nur mit erfinderischem Raffinement in genügender Weise für längere Zeit durchgeführt werden. Den besonderen Liebhabereien des Kranken ist hier soweit angängig Rechnung zu tragen, die meisten verabscheuen warme Fleischspeisen. Auch bezüglich der Zeit der Nahrungsaufnahme richte man sich nach dem Patienten, die Zeit der niedersten Temperatur, Morgens oder auch spät Abends, bestimme die Einnahme der Hauptmahlzeiten; es wird unter solchen Bedingungen gar manchmal ein recht beträchtlicher Appetit entwickelt. Einen besonderen Lohn empfangen Patient und Arzt für ihre Geduld und Ausdauer, wenn nach wochenlangem Fieber das Körpergewicht nicht ab-, sondern einige Pfunde zugenommen hat.

Schweisse.

Die im Verlaufe der Tuberkulose früher oder später — wenn auch nicht immer — auftretende abnorme Schweisssecretion ist eine der lästigsten Erscheinungen für den Kranken. Die Ursache dieser Schweisse scheint dieselbe zu sein, wie die des Fiebers und der erwähnten toxischen Störungen; auch Nachlass der Herzthätigkeit und allgemeiner Collaps führen zu starker Schweissbildung. Bei Schwankungen der Körpertemperatur geht das Schwitzen mit Erniedrigung dieser Temperatur Hand in Hand, erscheint im allgemeinen also namentlich gegen Morgen und während festen Schlafes. Es schwitzt der ganze Körper, am meisten die bestbedeckten Partien, oder nur ein umschriebener Teil wie die Haut des Halses und Kopfes, oder der Hände und Füsse. Je öfter die Haut geschwitzt hat und je schlechter sie gepflegt wird, desto leichter gerät sie immer wieder in Schweiss. Es ist also in der Behandlung vor allem auf die Hautpflege zu achten; Seife und Wasser, peinliche Reinlichkeit in der Wäsche, Luftzutritt zur Haut sind die allerbesten Mittel; selbstverständlich ist die Vermeidung von zu hoher Zimmertemperatur (Schlafen bei geöffnetem Fenster), von zu warmem Bette und zu schwerer Kleidung. Wo kein Fieber vorhanden ist mit stärkeren Remissionen, wo der Kranke den ganzen Tag an der frischen Luft gehalten werden kann, verliert sich in der Regel bei entsprechender Reinlichkeit die abnorme Schweissabsonderung ganz von selbst. Wo das in Ausnahmefällen nicht zutrifft, verwendet man zweckmässig Waschungen des Körpers, Abends oder Morgens oder beide Male, mit Essigwasser oder mit Alkohol (ca. 90 %). Neuerdings hat man mit Recht Pinselungen der betreffenden Hautpartie oder des ganzen Körpers mit Formalinalkohol sehr empfohlen (40 % Formalin und 90 bis 96 % Alkohol zu gleichen Teilen); wegen des reizenden Geruches überdeckt man beim Pinseln Auge und Nase des Kranken mit undurchlässigem Tuche. Man wiederholt die Pinselungen des ganzen Körpers jeden zweiten Tag, oder täglich, wenn nur einzelne Hautstellen getroffen werden. Bestreuungen der Haut mit Amyloform, eines formalinhaltigen Präparates, sollen ebenfalls recht gute Dienste leisten. Der recht nützliche „Liquor antihidrorrhoicus Brandau“, mit Alkohol verdünnt zu verwenden, riecht leider ziemlich unangenehm, wenn auch nicht so penetrant wie Formalin.

Von inneren Mitteln kann man kleine Dosen stärkeren Alkohols anwenden, z. B. Abends ein Gläschen Cognak in

Milch. Von Medicamenten im engeren Sinne ist Agaricin empfehlenswert, das einige Stunden vor dem zu erwartenden Schweissausbruch gegeben wird; zu kleine Dosen nützen gar nichts, wir verwenden meist 0,04 als Einzelgabe, doch wird auch das Doppelte ganz gut vertragen. Atropin geben wir sehr selten, es hilft gewiss ziemlich häufig, doch lässt seine Wirkung ebenso bald im Stich wie die anderer Mittel. Alle Mittel aker wirken ganz verschieden bei verschiedenen Kranken und zeigen sich ziemlich machtlos, sobald die Temperaturdifferenzen innerhalb kurzer Zeit sehr grosse sind; wo z. B. innerhalb 3 bis 4 Stunden die Körperwärme um 1,5° oder 2° sich abkühlt, da wird man auf keinerlei Weise den Schweissausbruch vermeiden können. Immerhin versuche man die Schweissabsonderung insoferne zu verringern, als man durch rechtzeitig vor oder während des Anstieges der Temperatur gegebene Antifebrilia u. s.. w. (s. o.) die Höhe derselben mindert. Es ist dem Kranken angenehmer und viel weniger erschöpfend für ihn, wenn er mehrere Stunden sogar mit nur leicht feuchter Haut liegt, als wenn eine sehr heftige kurzdauernde Schweisseruption erfolgt.

Beim Beginne der früher besprochenen, auch langsamen Spaziergänge ist, namentlich bei Fettleibigen, eine ziemlich starke Neigung zu Schweissen vorhanden, die sich bei einiger Gewöhnung des Körpers an den Ausgleich der vermehrten Wärmeproduktion bald verliert. Es gilt hier ganz besonders, was von Hautpflege und Reinheit der Wäsche gesagt wurde. Wer die schwitzende Hautpartie aus Angst vor Abkühlung mit einer neuen Lage warmhaltenden Materials bedeckt, der erreicht, dass seine Haut immer leichter schwitzt und schlechter funktioniert. Solange man in Bewegung ist, hat das Transpirieren nichts zu sagen, zu Hause angekommen, kleide man sich in nicht zu kühlem

Zimmer aus, reibe oder viel besser noch wasche die ganze Haut ab und ziehe nach guter Frottierung reine Wäsche an. Das Anziehen geschehe sehr langsam, damit nicht von neuem Schweiss auftritt. Erst wenn man das Gefühl einer ganz trockenen Haut hat, nehme man die Liegekur wieder auf. Ist das Tempo des Spazierganges richtig gewählt, so wird der Kranke im Winter wie auch zur kühleren Tageszeit im Sommer das Schwitzen meistens vermeiden können.

Erkältung.

Erkältung, Verkältung, Verkühlung u. s. w. — hier dürfte doch endlich etwas mit den Übertreibungen aufgeräumt werden. Unkundigen, oberflächlich beobachtenden Kranken muss man es nicht übel nehmen, wenn sie Tuberkulose ebenso wie Zahnschmerz, Kopfschmerz, Angina, Diarrhöe, Erysipel, Gelenkrheumatismus, Fieber etc. etc., überhaupt sämtliche Krankheiten mit alleiniger Ausnahme der Verletzungen auf „Erkältung“ zurückführen; aber den Ärzten ist es nicht zu verzeihen, wenn sie aus schlechter Beobachtung und ungenügender Kenntnis und — leider recht häufig — auch aus Bequemlichkeit dem Patienten recht geben. Wenn jeder Einzelne zu bequem ist, den Kranken über seinen Irrtum aufzuklären, so kann im allgemeinen niemals eine Besserung der kläglichen Anschauungen herbeigeführt werden. Forscht man jeder Störung gewissenhaft nach, so dass man sämtliche infectiösen Zufälle und sämtliche aus dem Verlaufe der in Rede stehenden Erkrankung erklärbaren Schwankungen im objektiven und subjektiven Zustande abziehen kann, so bleibt als „Erkältung“ nur **sehr wenig** übrig: vorübergehende Muskel- und Nervenstörungen, unbedeutende Schwellungen und Sekretionsanomalien der am meisten exponierten Schleimhäute. Und diese Störungen werden um so seltener auftreten, je mehr der Kranke an Licht, Luft und Witterungsschwankungen sich gewöhnt hat und je sorgfältiger er auf Körperpflege und Kleidung sein Augenmerk richtet. Ist dann thatsächlich einmal eine Störung aufgetreten, welche als Folge einer zu starken allgemeinen oder lokalen Abkühlung aufgefasst werden muss, so ist dieser Störung bei schon vorhandener Erkrankung allerdings Rechnung zu tragen. Ich leugne nicht, dass alle durch Abkühlung entstandene unangenehme Erscheinungen auch von selbst wieder verschwinden, aber man kann doch thatsächlich deren Dauer wesentlich abkürzen.

Es scheint bei nur annähernd guter Wärmeregulation des Körpers ziemlich gleichgiltig zu sein, ob vorübergehend die gesamte Hautoberfläche abgekühlt wird, namentlich wird man kaum jemals eine Unannehmlichkeit erfahren, solange die Haut des Körpers völlig trocken ist. Anders verhält es sich mit partiellen Abkühlungen schwitzender Hautstellen oder vorher stark erhitzter Schleimhautpartien (heisse Zimmerluft, Inhalation warmer Dämpfe).

Es entstehen an Ort und Stelle der Abkühlung oder ganz allgemein, hauptsächlich reflektorisch, Circulationsstörungen, die da nicht mehr ganz ausgeglichen werden können, wo an und für sich schon dauernde Circulationserschwernisse bestanden, bei altem Nasen- und Rachenkatarrh, chronischen Kehlkopf-, Trachea- oder Bronchialkatarrhen, in der Umgebung tuberkulöser Herde, u. s. w So ist es z. B. möglich, dass durch irgendwelche lokale Abkühlung neuerdings ein Asthma-Anfall ausgelöst wird, dass irgendwo vermehrte Sekretion und vermehrte Geräusche wahrgenommen werden. Eine als reiner Kältereflex aufzufassende Störung ist die oft bis zur Schmerzhaftigkeit gesteigerte Darmperistaltik nach stärkerer Abkühlung der Nates, des Bauches, der Füsse; es gelingt hier durch sofortige Erwärmung der abgekühlten Partien die Peristaltik schnell zu beruhigen. Dieses Verfahren kann zur Behandlung der durch Abkühlung entstandenen Erscheinungen verallgemeinert werden. Man wird also die ganze oder die besonders betroffene Stelle der Haut oder der zugänglichen Muskeln und Nerven stark erwärmen und zwar am besten durch feuchte Wärme. Resistentere Kranke wird man schwitzen lassen, oder man wird heisse Kataplasmen auflegen, Priessnitz'sche Umschläge und Wickel machen, warme Dämpfe inhalieren lassen. Die besonderen noch nützlichen Massnahmen sind aus den späteren Kapiteln zu entnehmen, hier mögen nur noch einige Worte über das „Schwitzenlassen“ Platz finden.

Der Kranke wird in ein grosses Bettuch und in ein bis zwei wollene Decken so eingewickelt, dass nur der Kopf frei ist; die Stirne wird nach Wunsch gekühlt. Wenn der Kranke nur schwer zum Schwitzen kommt, gebe man zwei Tassen heissen Thees, falls erwünscht mit etwas Alkohol, 2,0 Salipyrin, 2,0—3,0 Natr. salicylic.; Pilocarpin zu injizieren kann wegen der oft recht unangenehmen Nebenerscheinungen nicht sehr empfohlen werden. Ein ebenfalls allgemein bekanntes Mittel ist das Einleiten von heisser Luft unter die Decken und das Bett. Auch mit Vorsicht gegebene Heisswasserbäder und nachfolgendes Einpacken führt den Schweissausbruch herbei. Die allerschonendste Schwitzmethode aber ist das elektrische Lichtbad, besonders das im Verhältnis zur Lichtstärke viel mehr Wärme entwickelnde Glühlampenbad. Die freie Beweglichkeit des Körpers bei diesem Bade, besonders die ungehinderten Atmungsexcursionen des Thorax sind sehr grosse Vorteile. Man kommt so leicht und angenehm zum Schwitzen wie bei keiner andern Methode und ist nach dem Lichtbade in keiner Weise ermüdet. Auf sonstige Vorzüge dieser Lichtbäder kann ich hier nicht eingehen.

Wenn der Kranke genügend stark geschwitzt hat (je nach dem Kräftezustande 1—2 Stunden), wird er trocken gerieben und erhält frische gewärmte Wäsche; besser noch wäscht man den Kranken mit temperiertem Wasser, wo angängig im Bade, vor dem Trockenreiben ab, namentlich ist das angezeigt, wenn man Salicyl gegeben hat, weil der Schweiss dann unangenehm klebrig ist und riecht. Wer dem Wasser spirituöse Präparate oder sog. Toiletteessig zusetzen will, mag das thun. Der Kranke verlässt das Bett nicht früher, als bis er völlig ausgeruht hat und die Haut wieder ganz trocken geworden ist. Bis dahin bleibt vom Beginn der Schwitzprocedur natürlich das Fenster völlig geschlossen.

Medikamentöse Behandlung.

Die narkotischen Substanzen wurden schon früher erwähnt, ich füge den genannten als meist gebräuchliche noch an: Codein, Heroïn, Opium, Doversches Pulver. Es erübrigt noch der Stimulantien, der Schlafmittel und der sogenannten „Specifica“ zu gedenken.

Von Stimulantien seien besonders genannt: Coffeïn, Strophanthus, Digitalis, Camphor, Äther, endlich auch Alkohol. Bei Anwendung aller dieser Mittel möchte ich folgenden Grundsatz vertreten: Die Herzthätigkeit — denn um diese handelt es sich fast allein — soll so lange wie möglich genügend erhalten werden, so dass die aus schlechter Herzthätigkeit entspringenden Störungen thunlichst vermieden sind. Dieser Grundsatz gilt auch bei völlig hoffnungslosen terminalen Zuständen. Es ist jedem Arzte unangenehm bekannt, dass er von seinen mit Recht oft reichlich bemessenen Narkoticum-Injektionen bei agonaler qualvoller Verfassung des Kranken peinlicherweise keinerlei Effekt mehr gesehen hat, weil eben die erwünschte Resorption des Injicierten bei mangelhafter Herzaktion nicht mehr recht vor sich geht. Hier ist es also notwendig, erst die Circulation, so gut es geht, aufrecht zu erhalten, wenn dem Kranken vom Narkoticum noch eine Wohlthat erwachsen soll. Weiterhin aber halte ich, weniger theoretisch als aus Erfahrung, dafür, dass man der Euphorie Sterbender mehr dient, wenn man die grösste Leistungsfähigkeit, welche das Herz noch besitzt, auf Kosten der Lebensdauer erschöpft. Natürlich sind diese Erwägungen hinfällig, sobald der Patient keinerlei Beschwerden hat und schon bewusstlos ist; dann bedarf er auch keines Narkoticums mehr.

Das beste und handlichste Stimulans scheint mir Coffeïn in Injektionen von 0,1—0,2 pro dosi zu sein. Nicht allein die Herzthätigkeit wird sehr rasch günstig beeinflusst, es wird auch der Kranke beruhigt, so zwar, dass man manchmal ein Narkoticum sparen kann. Camphor ist sehr wertvoll, doch weniger handlich; innerlich gegeben macht er in vereinzelten Fällen schon durch kleine Dosen (0,1) Aufregungszustände. Bei den als ausgezeichnet bekannten Mitteln Digitalis und Strophanthus sei nur an den recht schwankenden Gehalt an wirksamen Bestandteilen erinnert. Wir geben Digitalis am liebsten in Oblaten als Pulvis foliorum à 0,1.

Soll Alkohol als Stimulans verwendet werden, so ist er nur in concentrierterer Form z. B. als Whisky, Cognak, Champagner und schwerer Wein zu geben. Betrunken aber soll der Patient nicht werden.

Die Darreichung von Schlafmitteln kommt in Betracht,

wo trotz der Milderung des schlafstörenden Fiebers und Hustens der Kranke nicht die für ihn so wichtige Nachtruhe finden kann. Die besten Hypnotica, welche scheinbar auch bei längerer Darreichung harmlos sind, bleiben vorerst noch Trional (1,0—1,5) und Sulfonal. Man gebe sie nicht zu spät Abends, da bei dem individuell sehr verschiedenen Eintreten der Wirkung der Kranke sonst erst am nächsten Tage schläft. Nach Einnehmen jener Medikamente soll noch eine Tasse heisser dünner Flüssigkeit getrunken werden, wenn man nicht gleich die Mittel in heissem Wasser verrührt geben will.

Die „Specifica". Vom Kreosot möchte ich mit Befriedigung melden, dass es nicht mehr so viel angewendet wird wie ehedem. Der Magen des Lungenkranken ist auch thatsächlich zur Aufnahme wichtigerer Stoffe da als der immensen Kreosotdosen. Dasselbe gilt von sämtlichen Derivaten und Combinationen desselben mit andern Mitteln. Sämtliche sind „geruch- und geschmacklos", sämtliche schmecken und riechen für fast alle Kranke sehr unangenehm; am besten scheint noch das Guajacolcarbonat vertragen zu werden. Angenommen, der Magen eines Kranken verträgt soviel dieser Medikamente, als Sommerbrodt oder der behandelnde Arzt für nötig hält, wo ist der eclatante Nutzen des Präparates bei Lungentuberkulose jemals gesehen worden, ohne dass andre viel importantere Faktoren zur Genesung mitgespielt haben?

Über Verwendung jener Präparate bei anderen Krankheiten sei später die Rede.

Den neuerdings so peinlich oft annoncierten Perucognak erwähne ich nur, um davor zu warnen.

Der Cognak ohne Perubalsam masste sich im Ensemble mit andren kräftigen Spirituosen eine Zeit lang ebenfalls eine specifische Rolle an und soll neuerdings sich darin nochmals versuchen. Er hat Fiasco gemacht, weil man kaum übersehen konnte, dass er meist mehr schadete als nützte und ist deshalb in allen mir bekannten Anstalten bezüglich seiner „Cur“ schon längst in Misscredit geraten. Soweit er im Verlaufe der Krankheit gutes thun und nicht schaden kann, ist seiner schon im Vorstehenden genügend gedacht.

Der Perubalsam ohne Cognak hat sich in der Behandlung von Hautkrankheiten, z. B. auch Prurigo, einen berechtigten Ruf erworben. Weniger Anerkennung hat er als Specificum gegen Tuberkulose gefunden. Von Landerer s. Zt. empfohlen bei Gelenktuberkulosen, ist er von andern Chirurgen bald wieder fallen gelassen worden. Später kehrte die aus Perubalsam isolierte Zimmtsäure und deren Natriumsalz in die Therapie der Tuberkulose, besonders auch der Lungentuberkulose, ein. Über den Wert dieser Präparate wiedersprechen sich vorerst die Meinungen noch so heftig, dass ein Friede z. Zt. nicht abzusehen ist. Die besten Resultate mit den Hetolinjektionen hat der Erfinder der Methode zu verzeichnen; sie sind so bemerkenswert, dass man mit Recht nach einer Erklärung für zahlreiche abweichende Resultate sucht.

Die Schüler Landerer's sind nicht sehr ängstlich in der Annahme, dass der Grund für Misserfolge lediglich an dem behandelnden Arzte liege, und reden von mangelhafter Technik, von — vielleicht nicht unabsichtlich ausgewählten — zu schlechten Fällen. Beides trifft nicht zu; einerseits ist die Manipulation einer intravenösen Injektion zu einfach, um Schwierigkeiten zu machen, andrerseits aber soll man sich doch gegenseitig eine bona fides zutrauen. Wir Internen wollen ja auch keinem Zweifel an den Erfolgen Landerers stattgeben und wollen gerne glauben, dass auch chirurgischerseits die recht schwere Technik einer genauen Lungenuntersuchung beherrscht wird. Wo soll man hinkommen, wenn bei Abweichungen von Behandlungsresultaten einer dem andern „Dolus“ unterschiebt?

Unserer Erfahrung nach verdient die Zimmtsäure bei der Behandlung der Lungentuberkulose keine Empfehlung.

Die früher einmal versuchten Injektionen von cantharidinsaurem Natron sind wie die von Pilocarpin wieder entschwunden, ohne bemerkenswerte Spuren hinterlassen zu haben. Über die Injektionen von Natrium kakodylicum (Frankreich) und Formalin (London Brompton-H.) sind die Erfahrungen noch ganz ungenügend.

Bakterienpräparate als Heilmittel haben in neuerer Zeit ganz besondere Aufmerksamkeit beansprucht. Da wir über Klebs'sche Präparate keine eigenen Erfahrungen haben, erwähnen wir nur die Koch'schen. Die Urteile über den therapeutischen Wert der Koch'schen Tuberkuline gehen ziemlich weit auseinander. Ihre Anwendung hatte stark abgenommen, wird aber z. Zt. von einzelnen Ärzten mit erneutem Eifer weitergeführt. Von diesen letzteren wird das alte Tuberkulin dem T-R vorgezogen. Es dient auch noch als Diagnosticum (s. o.). Bezüglich des alten wie des neuen Tuberkulins sind unsere therapeutischen Erfahrungen nicht so, dass wir die Anwendung dieser Mittel allgemein empfehlen könnten. Die für Tuberkulin besonders geeigneten ganz leichten Fälle heilen auch ohne dasselbe, während das Tuberkulin doch nicht ganz ungefährlich ist; die schwereren Fälle aber sind für Tuberkulin ungeeignet.

Inhalationen. Die Einatmung balsamischer und desinficierender Stoffe scheint bei der Tuberkulose der Lunge wenig Erfolg zu haben; für den Inhalationsstrom zugängliche Ulcerationen und Cavernen scheinen günstig insoferne beeinflusst zu werden, als namentlich die in Cavernen oft eintretenden, durch Stagnation und Sekundärinfektion bedingten fauligen Zersetzungen entschieden gemildert oder sogar verhindert werden. Infiltrationen und geschlossene Tuberkelanhäufungen bleiben von Inhalationen unberührt. Inwieweit es möglich ist, die die tuberkulösen Herde umgebenden Gewebspartien gegen tuberkulöse Infektion zu schützen, sei dahingestellt.

Operative Behandlung.

Bei der chirurgischen Behandlung der Lungentuberkulose kommen nur die Cavernen in Betracht, und auch bei ihnen sollte man an einen blutigen Eingriff nur denken, wenn man sie verantwortlich machen kann für schwere, sonst nicht besserungsfähige Störungen, und wenn man ihrer zuverlässigen Abgrenzung gegen die Umgebung sicher zu sein glaubt. Eine Cavernenoperation nutzt eben nichts, wenn in deren Nachbarschaft die Tuberkulose ungehinderte Fortschritte macht.

Die von Amerika aus empfohlene Methode des durch Einbringen von Stickstoff in den Pleuraraum zur Heilung von Cavernen künstlich herbeigeführten Pneumothorax verdankt ihr Entstehen den manchmal günstigen Erfahrungen bei dem eben genannten meist recht üblen Vorkommnisse (s. u.). Das Verfahren hat sich in Deutschland keinen Boden gewinnen können; es ist immerhin doch nicht gefahrlos und dazu in seiner Wirkung schon deshalb unzuverlässig, weil — wie man bei Sektionen sieht — pleurale Verwachsungen der Anlegung des Pneumothorax recht hinderlich sein können.

II. Teil.

I. Komplikationen.

Da sämtliche Krankheiten die Lungentuberkulose komplicieren können, so muss im folgenden eine Auswahl derselben nach Häufigkeit und Bedeutung getroffen werden. Demnach darf eine grosse Einseitigkeit in der Würdigung der zu besprechenden Störungen nicht befremden.

A. Atmungswege.

1. Nase und Rachen.

Katarrhe der Nase. Es erweist sich als zweckmässig, bei der Behandlung des Schnupfens zu unterscheiden zwischen einfacher leichter Schwellung mit vermehrter Sekretion einerseits und förmlichem akuten, wohl immer infektiösen, Katarrh andererseits. Die erstere Störung ist ganz bedeutungslos und verliert sich, ohne Störung des Allgemeinzustandes, von selbst wieder, sie ist oft nur Morgens beim Aufstehen zu bemerken und verschwindet im Laufe des Tages, um in manchen Fällen mit Regelmässigkeit jeden Morgen, nicht selten unter mehrmaligem Niesen, von neuem zu erscheinen; bei anderen Kranken wird diese leichte Unbequemlichkeit mit Eintritt grösseren Feuchtigkeitsgehaltes der Luft bemerkbar. Eine Behandlung ist in solchen Fällen, wo keine hypertrophischen Muscheln der Störung zugrunde liegen, überflüssig; sie verliert sich sehr bald, wenn der Kranke an Licht, Luft und richtige Körperpflege sich gewöhnt.

Die zweitgenannte Störung ist nicht ganz gleichgiltig, sie ist von geringer Erhebung der Körpertemperatur und allgemeinem Unwohlbefinden begleitet und die katarrhalischen Erscheinungen beschränken sich in der Regel nicht auf die Nase, sondern sind gleichzeitig oder nach wenigen Tagen auch im Rachen, im Kehlkopfe und in der Luftröhre bemerkbar. Von hieraus erstrecken sie sich da und dort auf die Bronchien und machen schliesslich auch vermehrte Sekretion an ursprünglich erkrankten Partien der Lungen. Diese katarrhalischen Erkrankungen treten gewöhnlich bei mehreren Patienten in rascher Folge auf, sei es, dass die Kranken zur selben Zeit unter denselben schädlichen Bedingungen stehen, sei es, dass einer den andern direkt inficiert. Die wirksamste Behandlung besteht hier im „Schwitzenlassen“ (s. o.) sofort nach Auftreten der Störungen. Wenn der Process in der Nase localisiert ist, kann oft mit sehr gutem Erfolge eine örtliche Therapie versucht werden. Man macht Einblasungen mit pulverförmigen Substanzen, Spülungen der Nase mit adstringierenden Mitteln (s. u.). Alles, was die Schleimhaut unangenehm reizen kann, muss vermieden werden, so vor allem auch stärkere Temperaturschwankungen der umgebenden Luft. Der Kranke soll im Innern des Hauses, in ganz gleichmässiger Zimmertemperatur, am besten im Bette sich aufhalten. Priessnitz'sche Umschläge um den Hals, bei bronchitischen Erscheinungen auch um den Thorax, sind sehr nützlich. Wird die in Rede stehende Erkrankung sofort bei Beginn derselben recht sorgfältig beachtet, so verläuft sie in kurzer Zeit und ohne weitere Unannehmlichkeiten.

Der acute Rachenkatarrh wird mit Gurgelungen und Priessnitz'schen Umschlägen behandelt.

Die chronischen Katarrhe der Nase sind so häufig, dass man sie fast bei jedem Erwachsenen vermuten und finden kann; doch machen sie durchaus nicht immer lästige Störungen. Bei den schwereren Erkrankungen dieser Art unterscheidet man „hypertrophische" Katarrhe von „atrophischen". Eine völlige restitutio der Schleimhäute ad integrum ist hierbei nicht zu erwarten, die Behandlung hat also vor allem eine Verschlimmerung der Erscheinungen zu vermeiden und eine Besserung der Beschwerden anzustreben. Am lästigsten ist die Krustenbildung, besonders in den vorderen Partien der Nase, an den vorderen Muscheln und am locus Kieselbachi. Sie führen zu häufigen geringen oder stärkeren Blutungen der meist erodierten Schleimhaut beim Abgehen der Krusten. Salbenapplication (z. B. Ungt. Hydrarg. praecip. albi und Vaselin āā) ist hier das beste. Hier und da ist man genötigt, die am loc. K. oder dem vorderen Ende der unteren Muschel befindlichen erweiterten Oberflächengefässe mit Kauter zu veröden; ähnliches erreicht man durch Ätzungen mit Acid. trichloraceticum in Substanz; diese Säure kann ganz gut auch ohne Cocainisierung appliciert werden. Um die gesamte Nasenschleimhaut mit Cavum günstig zu beeinflussen und Krusten zu lösen, wendet man sehr zweckmässig Spülungen (s. o.) und Einblasungen von adstringierenden Substanzen an (z. B. Arg. nitric, 1,0, Talcum 20,0—10,0).

Bezüglich des Weiteren, besonders der Behandlung der atrophischen Katarrhe und der Krankheiten der Nebenhöhlen der Nase verweise ich auf die entsprechenden Lehrbücher.

Die sehr häufigen Hypertrophien der Muscheln, Verbiegungen des Septum müssen beseitigt werden, so weit sie die freie Nasenatmung behindern; Polypen sind immer zu entfernen, da sie, abgesehen von anderen Störungen, zu starker Schleimabsonderung, Husten, Blutungen, endlich zu asthmatischen Anfällen Veranlassung geben können. Die hauptsächliche Indication zur Nasenbehandlung wird immer die Freihaltung der Passage der Luft abgeben.

Die chronischen Rachenkatarrhe werden besonders lästig durch die Absonderung sehr zähen, fest anhaftenden Sekretes, durch die sogenannten Granula der hypertrophischen Schleimhaut und die excessive Trockenheit, besonders bei schon eingetretener Atrophie. Es resultieren Schluckschmerzen, die sehr häufig nach dem Ohre ausstrahlen, fortwährendes Räuspern, Husten, ja förmliche durch den unleidlichen Kitzel veranlasste lange Hustenanfälle mit Erbrechen, letzteres namentlich nach dem morgendlichen Erwachen, endlich auch Trübungen des Klanges der Stimme. Man lässt Gurgelungen vornehmen, reibt adstringierende Substanzen auf die Schleimhaut, ätzt (Acid. trichloracetic.) oder verschorft mit Galvanokauter einzelne besonders reizende Granula oder die sogen. Seitenstränge. Bei der absoluten Trockenheit der atrophischen Schleimhaut empfehlen sich Application von Salbe (3 % Borsalbe), auch von zur Sekretion reizenden Substanzen (Jodjodkaliglycerin, Jodtinctur), schliesslich Fibrationsmassage.

So lange eine Behinderung der Nasenatmung die Austrocknung des Rachens veranlasst, ist die Behandlung des Rachenkatarrhs ohne vorherige Freimachung der Nase ziemlich nutzlos.

Die lupösen und zweifellos tuberkulösen Erkrankungen der Nase und des Rachens werden am besten mit dem scharfen Löffel und nachfolgender Ätzung durch concentrierte Säuren (Milch-, Trichloressig-, Chromsäure) oder energischer noch mit dem Galvanokauter nach erfolgter Abkratzung behandelt. Man suche alles Krankhafte und Verdächtige zu entfernen. Auch ein grösserer Verlust an Schleimhaut wird ganz gut vertragen. Sind einzelne Muscheln tuberkulös oder lupös erkrankt, so entferne man sie ganz.

Handelt es sich um schwerere Tuberkulosen der hinteren Rachenwand, bei welchen meist vom submucösen Gewebe aus bis an die Oberfläche die ganze Schleimhaut durchsetzt ist, so beseitige man ruhig mit Messer und Pincette alles Erkrankte bis auf die Submucosa mit einem Rande anscheinend gesunden Gewebes; die Wundfläche überfahre man mit etwa 75% Milchsäurelösung. Selbst der Defekt einer Hälfte der hinteren Rachenwandschleimhaut wird gut vertragen und heilt schnell unter fleissigen Spülungen mit Borsäurelösungen und zeitweiser Anwendung von starker Milchsäure. Natürlich muss die Nahrung bis zur Heilung sehr weich und fast reizlos sein. Ein Verschlucken nach der Operation verschwand in unsern Fällen schon innerhalb der ersten Tage. Sind die Lymphseitenstränge im Rachen tuberkulös erkrankt und sehr voluminös, so gelingt es zuweilen, sie mit dem Gottstein'schen Messer für Gaumenmandeln vollständig abzulösen oder mit der Jurasz'schen Gaumenzange zu entfernen.

Zur Anaesthesierung ist zwei- bis dreimaliges Bepinseln der Schleimhaut mit 10—20%iger Cocaïnlösung wohl immer genügend. Eine Injektion von Cocaïn fanden wir nicht wirkungsvoller. Die Blutung, im Rachen meist mässig, in der Nase oft ziemlich heftig, wird durch Compression mit steriler Gaze oder Jodoformgaze gestillt. „Liquor ferri“

ist unzweckmässig, ebenso ist meist auch der Kauter nutzlos. Spritzt ein einzelnes Gefäss, so wird man natürlich versuchen, es zu fassen und abzuklemmen.

Anmerkung: Zu Nasenspülungen verwendet man 0,6—1% Kochsalzlösung, 1% Borsäurelösung; bei Schwellungen, besonders nach chirurgischen Eingriffen, setzt man diesen Lösungen zweckmässig etwas Cocaïn zu, so dass eine 1—2‰ Cocaïnlösung entsteht; (z. B. Acidi borici 5,0, Aq. dest. 500,0, Cocaïni hydrochloric. 0,5—1,0). — Zu Einblasungen bei acuten Katarrhen der Nase halte ich Amyloform (rein) für das wirksamste, die Einblasung soll zweimal täglich erfolgen. Am zweiten Tag ist schon eine erstaunliche Besserung der localen Beschwerden erreicht. Dies Amyloform hat sich mir auch gut bewährt zur Sekretionsverminderung bei Highmorshöhleneiterung, sowie auch bei chronischen Mittelohreiterungen.

Zu Pinselungen des Rachens empfehlenswert ist z. B. eine Mischung von: Jodi 1,0, Kali jodati 2,0, Aq. dest. 10,0, Glycerini 100,0.

2. Kehlkopf.

Während bei acuten und chronischen Affectionen im Gebiete des Bronchialbaumes ein mässiger Reizzustand des Kehlkopfes mit leicht belegter oder direkt heiserer Stimme etwas recht gewöhnliches ist, vermisst man auch bei lange dauernden Tuberkulosen der Lunge mit starkem eitrigen Auswurfe trotz vielen Hustens sehr häufig sogar jede Rötung und Schwellung und die Stimme bleibt klar. Dieser Unterschied ist so auffallend und konstant, dass er wohl kaum auf Rechnung des allerdings bei chronischen Bronchitiden im allgemeinen etwas stärkeren und vermehrten Hustens gesetzt werden kann. Bei der ziemlich diffusen Erkrankung eines grösseren Gebietes der Bronchialschleimhaut ist vielmehr die Luftröhre und der Kehlkopf meistens miterkrankt, während bei der Lungentuberkulose, im Gegensatz zur Continuitätserkrankung einer zusammenhängenden Membran, die herdförmige Localisation die Hauptrolle spielt. Wo also eine Tuberkulose der Lungen nicht mit chronischer Bronchitis compliciert ist, hüte man sich bei auffälligen Reizzuständen des Larynx ohne weiteres von „verhustetem“ Kehlkopfe oder von chronischem Kehlkopfkatarrh zu sprechen. Man denke in solchen Fällen immer an eine vielleicht unter der Decke steckende tuberkulöse Erkrankung. Damit ist natürlich keineswegs eine gelegentliche acute Laryngitis von der Hand gewiesen, während die Thatsache einer ohne diffuse bronchitische Veränderungen existierenden chronischen Laryngitis zugegeben wird. Oder zum mindesten kommt der für den chronischen Reizzustand supponierte tuberkulöse Herd nicht zum erkennbaren Vorschein.

Jeder Reizzustand des Kehlkopfes wird vermehrt durch den Gebrauch des Organs, sei es durch Produktion von Stimme (Sprechen, Singen, Lachen, Schreien), sei es durch Husten, und verursacht selbst wieder Hustenreiz. Daraus ergibt sich ganz allgemein als Hauptfactor jeder Behandlung locale Ruhe durch Verbot des Sprechens, wenn nötig auch des Flüsterns, und durch Einschränkung auch des ausserhalb des Kehlkopfes entstehenden Hustens.

Die acuten Katarrhe des Kehlkopfes werden daher local am besten gar nicht behandelt; der Kranke hat sich des Sprechens und Flüsterns zu enthalten und bleibt im Zimmer bei gleichmässiger Zimmertemperatur; der Hustenreiz wird, falls dann wirklich noch nötig, durch geringe Dosen eines Narkoticum beseitigt. Will man sonst noch etwas anwenden, so verordne man Priessnitz'sche Umschläge um den Hals, lasse warmen Thee trinken oder alkalische Wässer zu gleichen Teilen mit warmer Milch, ausserdem möge man mit Salzwasser oder Salmiaklösung (1—2 °/₀) inhalieren lassen.

Die subacuten Katarrhe werden ebenso behandelt, werden ferner auch durch Inhalationen von 1—5 % Tanninlösungen und durch Einblasen adstringierender Pulver sehr günstig beeinflusst.

Die chronischen Katarrhe des Kehlkopfes bestehen wohl selten für sich allein, sie sind vergesellschaftet mit chronischen Nasen- und Rachenkatarrhen; gewöhnlich sind die Störungen in Nase und Rachen schon viel stärker ausgeprägt als im Kehlkopfe. Es ist also das erkrankte Gebiet in seiner ganzen Ausdehnung zu berücksichtigen. Die Kehlkopfbehandlung besteht in Anwendung der obengenannten adstringierenden Substanzen, z. B. auch Argent. nitricum in verschiedener Concentration als Lösung oder Pulver. Bei stärker hypertrophischen Zuständen der Schleimhaut und Erosionen kann man sich veranlasst sehen, zu ätzen oder zu brennen, ja bei pachydermischen Veränderungen mit flachen Geschwüren dürfte sogar die Entfernung der Hinterwandschleimhaut mit Doppelcurette angezeigt seien. Die sehr zähes Sekret liefernden Katarrhe, bei welchen oft dicke festhaftende Krusten sich bilden, werden, abgesehen von Inhalationen mit Salmiaklösungen, mit Einträufelungen von Menthol- und Europhenöl (5—10—20 %) behandelt; manchmal erweist es sich sehr zweckmässig, weiche Salben mit Wattebausch in den Kehlkopf einzubringen.

Es sei hier ein merkwürdiger Fall von chronischem hypertrophischen Katarrh mit ausgedehnten Erosionen erwähnt, der zu sehr ernsten Störungen durch die sich bildenden Krusten Veranlassung gab. Da bei dem sehr schweren Lungenzustande der Kranken eine energische Behandlung nicht anging, musste sehr häufig des Tages Öl und Salbe eingeführt werden, um die Krusten zu lösen, welche sich oft so zwischen den gereizten und engstehenden Stimmbändern ausspannten, dass beängstigende Cyanose und Erstickungsgefahr auftraten. Mehrere Male musste durch Pincette die verstopfende Kruste aus dem

Kehlkopfe herausgezogen werden. Die Tracheotomie wurde verweigert; die decrepite Kranke starb während eines durch eine Kruste verursachten Erstickungsanfalles, bevor Hilfe gebracht werden konnte.

Die Tuberkulose des Kehlkopfes.

Bezüglich der Ätiologie der Kehlkopftuberkulose und des primären oder secundären Erscheinens derselben verweise ich auf die Einleitung; klinisch als unzweifelhaft ist diese Komplikation in etwa 20% aller Lungentuberkulosen vorhanden, bei genauen anatomischen Untersuchungen mag der Procentsatz allerdings ein viel höherer sein. Das anatomisch-klinische Bild ist ein sehr mannichfaltiges, M. Schmidt bespricht vier Hauptformen, in der überwiegenden Mehrzahl handelt es sich nach unseren sehr zahlreichen mikroskopischen Untersuchungen und klinischen Beobachtungen um eine Tuberkelbildung mit Zusammenschmelzen zu grösseren Herden in den Spalten des submucösen Gewebes. Diese Herde kommen, nachdem sie oft lange Zeit nur chronischen Reizzustand des Kehlkopfes, einseitig oder allgemein, verursacht haben, endlich als blassrötliche oder graue kleine Zacken und flachkugelige Erhebungen durch die Schleimhautdecke zum Vorschein, um früher oder später zu ulceriren. Manche dieser Granulome bleiben auffällig lange von Schleimhaut bedeckt und bilden relativ mächtige Tumoren, welche fast das ganze Kehlkopflumen verlagern. Bricht die Spitze solcher grosser Tumoren dann als nacktes Granulom durch das Epithel und ulceriert, so bleibt doch die Basis von der Schleimhaut noch wie von einer Manschette umfasst. Solche Tumoren und starke Infiltrationen sind am häufigsten da localisiert, wo das Gewebe ziemlich locker und nachgiebig ist, also in der regio interarytaenoidea, in den Taschenbändern, direkt unter den Stimmbändern, an den Aryknorpeln, endlich auch an der Epiglottis. Die tuberkulösen Stimmbanderkrankungen, besonders deren flache Infiltrate, neigen früh zu Ulceration. Ich darf hier leider nicht ausführlich werden; kurz andeuten möchte ich, dass durch die Funktion der einzelnen Kehlkopfteile die ursprüngliche Form der Tuberkulose wie deren spätere Entwicklungsbilder wesentlich beeinflusst werden.

Weiterhin erscheint die Larynxtuberkulose in der Form der miliaren Knötchen. Ziemlich selten scheint der Lupus zu sein. Recht selten ist sicher die tuberkulöse Perichondritis; klinisch vermutet, entpuppt sie sich mikroskopisch allermeistens als submucöse diffuse Tuberkulose.

Die Untersuchung der oberen Atmungswege, insonderheit des Kehlkopfes, hat bei allen Störungen der Atmungsorgane zu geschehen, so wie umgekehrt bei Krankheiten der oberen Luftwege die Lungen sorgfältig berücksichtigt sein müssen, wenn der Kranke nicht benachteiligt werden soll. Es ist als fahrlässig zu bezeichnen, wenn bei den in Rede stehenden Kranken der Kehlkopf nur untersucht wird, falls Klagen von seiten des Patienten oder Heiserkeit eine Erkrankung wahrscheinlich machen. Es erscheint nicht überflüssig, zu betonen, dass auch bei ganz schweren Kehlkopftuberkulosen eine völlig klare Stimme vorhanden sein kann und Schmerzen ganz fehlen, während andrerseits eine belegte Stimme, ja auch ziemlich heftige gegen das Ohr ausstrahlende Schmerzen noch keinen Anhaltspunkt für eine ernstere Erkrankung des Larynx, speciell der Aryknorpel oder Epiglottis, geben, nicht selten vielmehr lediglich die Folgen eines starken chronischen Rachenkatarrhs sind. Zwei der schwersten Kehlkopftuberkulosen mit hauptsächlicher Localisation an der Epiglottis, welche mir zu Gesicht kamen, waren, ohne jegliche subjectiven Symptome zu verursachen, dem Patienten erst durch die Untersuchung zur Kenntnis gekommen, während ein dritter trostloser Fall, so lange ich ihn beobachtete, immer eine klare klingende Stimme behielt. Man beachte beim Spiegeln nicht allein die allerdings sehr häufig befallene regio interarytaenoidea („Hinterwand") und die Stimmbänder, sondern recht sorgfältig auch die vordere Commissur, den Petiolus epiglottidis und die seitlich anschliessenden, manchmal schwer sichtbaren Partien und die Innenfläche des obersten Epiglottisrandes. Bei sehr geringen Veränderungen, leichten umschriebenen Trübungen und Rötungen, ganz kleinen Verdickungen, sogenannten Querleisten über die Hinterwand, gibt nur die Wiederholung der Untersuchung Aufschluss über die Natur der Veränderung. Ist der ganze Kehlkopf sehr gereizt, so lasse man den Kranken erst mehrere Tage völlig schweigen und man wird bei erneuter Untersuchung meist das Bild viel klarer und weniger zweideutig finden als bei diffuser Schwellung und Rötung. Solcher Reizzustand mit beträchtlicher Schwellung der hinteren Kehlkopfwand ist bei manchen Frauen während der Menstruation zu beobachten; ich verhehle mir nicht, dass diese Erscheinungen sehr verdächtig sind, obwohl ich in einem besonders markanten Falle trotz wiederholter mehrmonatiger Beobachtung durch drei Jahre hindurch kein Recht fand, eine Tuberkulose des Larynx festzustellen.

Nach unseren Erfahrungen wird eine Larynxtuberkulose manifest oder aktiv am häufigsten bei fieberhaften destructiven Vorgängen an der Lunge, so zwar dass eine monatelange Beobachtung des Kehlkopfes keinerlei oder nur unsichere Anhaltspunkte für eine Tuberkulose ergibt, während bei genannter Gelegenheit Granulome und Ulcera auftreten; doch können zweifellos vorhandene Herde so gut abgegrenzt oder eingeschlossen sein, dass sie nie zu Activität gelangen. Andrerseits stehen bei ganz geringfügigen Lungenerscheinungen und bei gutem Allgemeinzustande die Kehlkopfveränderungen manchmal ganz im Vordergrunde des Krankheitsbildes und verschlechtern sich bei Besserung der Lungenerkrankung und bessern sich sogar in Fällen von progressiver Lungentuberkulose. Wenn es auch meistens zutrifft, dass mit Hebung oder Rückgang des allgemeinen Gesundheitszustandes und der Resistenz eine Kehlkopftuberkulose besser oder schlechter wird, so erleidet doch diese Regel zu viele Ausnahmen, um eine zuverlässige Giltigkeit für Prognose und Therapie bei den einzelnen Kranken behaupten zu können. Eine herdförmige Larynxtuberkulose entwickelt sich gewöhnlich ziemlich langsam, nur eine Ueberschwemmung der gesamten Lymphbahn des Kehlkopfes mit Tuberkulose verläuft mit grosser Heftigkeit. Haben aber bei umschriebener Erkrankung die Granulationen einmal die Schleimhautdecke durchbrochen, so schiessen sie verhältnismässig sehr schnell auf, in das Lumen des Kehlkopfes hinein. Die bei solchen activen Processen vor dem Durchbruche durch die Mucosa nicht selten vorhandenen recht erheblichen Spannungsschmerzen verschwinden nach dem Auseinanderweichen der Schleimhaut rasch. Ein an sogen. verdächtigen Stellen innerhalb weniger Tage zum Vorschein kommendes charakteristisches Geschwür ist natürlich längst vorbereitet gewesen; es hat sich gewöhnlich nur durch eine dünne Epithelschicht dem Auge um so leichter entzogen, als die fragliche Stelle nach vorhergegangenem subepithelialen Zerfall der Tuberkel nicht vorgewölbt, sondern flach oder sogar etwas vertieft erscheint. Diese Beobachtung findet da und dort bei mikroskopischer Untersuchung grösserer Gewebsschnitte ihre Bestätigung. Mehrfach geht dem Erscheinen einer grösseren Ulceration eine deutlich erkennbare Epithelnekrose vorauf.

Leichtere, aber zweifellos tuberkulöse Veränderungen bilden sich ohne unser Zuthun unter unseren Augen zurück und bleiben während der ganzen Dauer der Beobachtung so gut abgeschlossen und reactionslos, dass sie als geheilt anzusprechen sind. Auf diese Thatsache müssen wir auch rechnen bei den bestgeglückten chirurgischen Eingriffen. Wer wollte sich auch vermessen zu behaupten, alles Krankhafte entfernt zu haben, oder hat er ohne sein Wissen in der scheinbar gesunden Umgebung selbst mikroskopische Herde mitentfernt, wer verstopft die vielleicht noch infectiöses Material zuführenden Lymphbahnen? Es gilt also hier ganz besonders der alte Satz: Natura sanat, medicus curat. Der Arzt stürze sich demnach nicht sofort „mit Feuer und Schwert“ auf jede verdächtige Erosion oder jedes kleine Knötchen; nur sorgfältige über einige Wochen sich erstreckende Beobachtung zeitige den Entschluss zum chirurgischen Eingriff und bestimme die Art desselben, namentlich gilt dies von noch in voller Entwicklung befindlichen Tuberkulosen. Die lokale Therapie hat die Aufgabe, da einzugreifen, wo, wie ich schon früher einmal betonte, Heilungs-Hindernisse bestehen, wo die Weiterverbreitung der Krankheit verhütet werden kann, und wo für den Patienten besonders wichtige Functionen gestört sind.

Heilungshindernisse können sämtliche Formen der Tuberkulose abgeben, hauptsächlich aber Infiltrate, Tumoren und callöse Ulcera. Sie sind es auch, welche direkt oder durch entzündliche Schwellung in ihrer Umgebung Schmerzen verursachen und die Nahrungsaufnahme stören, endlich auch die Stimmbildung alterieren oder ganz unmöglich machen. Am meisten Schluckbeschwerden machen die Erkrankungen der Aryknorpel und der Epiglottis, besonders Ulcerationen daselbst; die Stimme wird am schwersten geschädigt durch Tumoren, welche, an der Hinterwand zwischen den Stimmbändern oder in den Taschenbändern sitzend, die nötige Spannung der Stimmbänder verhindern. Die Ulcerationen können schliesslich den ganzen Kehlkopf einnehmen, die Tumoren können, ohne gröbere Zerfallserscheinungen, so mächtig sich entwickeln, dass Stenosen für die Atmung entstehen.

Sitzt ein tuberkulöser Herd isoliert und günstig für seine Wegnahme, z. B. an der Innenfläche des freien Epiglottisrandes, so ist dessen und seiner Umgebung radicale Beseitigung anzustreben So lange dieser Herd klein ist, ist der Eingriff so leicht und unschuldig, dass er gegenüber dem eminenten Vorteile der Wegnahme gar nicht in Betracht kömmt. Ist man auch bei längerer Beobachtung im Zweifel über die tuberkulöse Natur eines solchen kleinen Tumors, so exstirpiere man ihn mit seiner Umgebung; die mikroskopische Untersuchung wird einem fast immer den Beweis der Tuberkulose erbringen. Gerade am Kehldeckel komme man mit einer Behandlung nicht zu spät, eine ausgedehnte Erkrankung der Epiglottis ist selten mehr zu beherrschen.

Endlich ist die Entfernung eines Tumors, selbst wenn er völlig abgegrenzt und eingeschlossen erscheint, oder eines ebensolchen breiten Infiltrates angezeigt, falls die Stimmbildung verhindert ist und die betreffenden Personen, wie Lehrer, Redner, Offiziere u. dergl., ohne ihre Stimme ihrem Berufe nicht mehr zurückgegeben werden können. Sonst aber bedenke man sich, bevor man reactionslose, abgethane flache Infiltrate angreift; es folgt nach solchen Eingriffen nicht selten eine ganze Serie von Granulomen.

In welcher Weïse nun die locale Behandlung auszuführen sei, hängt ganz von dem anatomischen Charakter der Erkrankung ab. Es gelte der Grundsatz, wenn möglich alles Krankhafte zu entfernen und bis ins gesunde Gewebe vorzudringen. Für frischere Granulationen wird die einfache Curette (scharfer Löffel) mit nachfolgender Milchsäure-Einreibung oder Kaustik ausreichen; für ältere Infiltrate und für Tumoren ist das beste Instrument die Doppelcurette und andere schneidende Zangen und dgl.; für die callösen Ränder der Ulcerationen, wo der scharfe Löffel nicht genügt, für kleine Tumoren an den Stimmbandrändern und für die Flächeninfiltrate ebendaselbst ist der Galvanokauter als ganz vorzüglich zu empfehlen. Man hüte sich wohl die Substanz des Stimmbandes selbst zwischen die Doppelcurette oder ein ähnliches Instrument zu nehmen; eine Quetschung oder ein grosser Substanzverlust jener Bänder ist oft nie mehr gutzumachen. Die Resultate Anderer haben mich wenigstens von solchen Massnahmen abgeschreckt[1]). Grössere Tumoren mit der Kaustik zu behandeln, halte ich nicht für richtig; erstens wird die Behandlung unverhältnismässig in die Länge gezogen, dann aber machen ausgedehnte Verbrennungen oft recht störende Narben. Geschlossene Infiltrate und Granulome nun gar mit Milchsäure-Einreibungen zu behandeln, ist zweck- und gedankenlos.

---

[1]) Im Interesse aller Singenden warne ich ganz besonders davor, sogen. Sängerknötchen und dgl. mit Doppelcuretten, zangen- oder guillotineartigen Instrumenten zu entfernen. Manche junge tüchtige Sängerin ist durch solche Eingriffe dauernd aufs empfindlichste geschädigt worden.

Hingegen wirkt Milchsäure vorzüglich zur Deckung frischer Wundflächen, zur Desinfection von Geschwüren und Beseitigung der entzündlichen Zustände in der Umgebung jener Ulcera, endlich zur Anregung von gesunden Granulationen. Solange man nicht blos eine leicht adstringierende Wirkung von der Milchsäure erwartet, verwende man sie nicht schwächer als 60%ig. Richtig mit festgedrehtem Wattebäuschchen an Metallträger und gut localisiert eingerieben, wird sie sehr gut vertragen und leistet Ausgezeichnetes. Eine neuerliche Application findet erst statt nach Ablauf der erstmalig erzielten Wirkung, im allgemeinen nicht früher als nach vierzehntägiger Pause. Häufiges „Pinseln" mit schwachen Lösungen, wie es noch vielfach beliebt ist, reizt den Kehlkopf, ohne besondere Vorteile mit sich zu bringen, ist also zu verwerfen. Milchsäure kann selbst bei schwachen Schwerkranken angewendet werden, wo es gilt, ein Geschwür zu treffen, das durch sich selbst und die entzündlich geschwollene Umgebung Schluckhindernisse, Schmerzen, unerträglichen Hustenreiz verursacht.

Inhalationen und Einbringen von flüssigen oder pulverförmigen Desinficientien und Adstringentien sind sehr zweckmässig zur Nachbehandlung nach vorausgegangenen instrumentellen Eingriffen, zur Behandlung gewöhnlicher Reizzustände und inoperativer ulcerierender Processe [1]).

[1]) Von desinficierenden und adstringierenden Substanzen seien erwähnt Natr. sozojodolicum (1 : 10 Sacch.), Jodol, Thioform, Amyloform, acid. tannicum, acid. gallicum, Alaun, Argent. nitric. mit Talcum verdünnt (1 : 20, 1 : 10). Natürlich können auch zahlreiche andere Mittel Verwendung finden. Von Ölen wurde schon oben gesprochen. Das Mentholöl hat auch eine leicht anästhesierende Wirkung. Das beste Mittel zur Milderung von Schmerzen ist zweifellos Orthoform pur auf die betr. Stellen aufgeblasen; es scheint seine Wirkung auch bei langdauernder Anwendung nicht abzunehmen. Dies trifft nicht zu für Morphin und Cocaïn, das am zweckmässigsten in Pulverform appliciert

Die Totalexstirpation sehr schwer tuberkulöser Kehlköpfe halte ich nur bei kräftigem Allgemeinzustande und guten Lungen für berechtigt; die Laryngofissur hat sich bislang kein grösseres Anwendungsgebiet erwerben können.

Die Tracheotomie kann fast immer vermieden werden; zur Ruhigstellung das Larynx möchte ich sie nicht empfehlen; sie bringt besonders bei stärkerem Auswurf ausserordentliche Unzuträglichkeiten für den Kranken und seine Umgebung mit sich, ohne — soweit ich weiss — Nennenswertes zu leisten.

Zur Erleichterung des Schluckens, der Schmerzen und des Hustenreizes bei schweren Erkrankungen, welchen aus irgendwelchen Gründen operativ nicht beizukommen ist, und bei den Reizzuständen nach chirurgischen Eingriffen sind Einblasungen von Orthoform, namentlich vor den Mahlzeiten, äusserst wertvoll; ausserdem können Applicationen von Pulvern und Lösungen, welchen Morphin, Cocaïn, Menthol beigemischt sind, sehr wohlthätig wirken. Subcutane Morphininjektionen können wohl fast immer vermieden werden. Über die grosse Wichtigkeit der Ruhe des erkrankten Organes wurde oben schon gesprochen; es versteht sich, dass, besonders nach Operationen, bei der Auswahl der Nahrung alles vermieden werden muss, was mechanisch oder

wird; man verwendet z. B. eine Mischung von Morphin 0,25, Cocaïn 0,5, Jodol 5,0; oder man lässt kleine Pulver zu 0,005 Morphin auf die Zunge nehmen. Eine recht gute Form der Cocaïnanwendung zur Milderung von Schluckschmerzen sind die von Apotheker Neumeier in Frankfurt a. M. verfertigten „Anginapastillen“, die der Kranke wie Bonbons verwendet.

Statt der oben erwähnten Milchsäure haben zu gleichem Zwecke auch andere Säuren Verwendung gefunden, z. B. Chromsäure und Trichloressigsäure.

chemisch oder thermisch den Kehlkopf reizen könnte. Eier, mit Maizenamehl oder dgl. etwas verdickte Milch, rohes geschabtes Fleisch, Brei, weichgekochter Reis mit zerkochtem Huhn sind hier sehr wertvoll.

Sehr zu empfehlen ist ferner zur Linderung der durch den Krankheitsprocess oder einen Eingriff bedingten schmerzhaften Reizzustände die Eiscravatte. Sie kann mit Unterbrechungen mehrere Stunden des Tages getragen werden. In anderen Fällen erweisen sich Priessnitz'sche Umschläge als sehr vorteilhaft. Diese Umschläge, wie namentlich auch recht heisse Compressen haben sich mir manchmal sehr bewährt zur Beseitigung von Spasmus glottidis nach einer Operation.

Noch einige weitere Bemerkungen seien hier angefügt über Massregeln vor und nach einer Operation. Sämtliche Eingriffe geschehen unter Cocaïnanaesthesie. Ein ebenso gutes Mittel wie Cocaïn mit weniger unangenehmen Nebenwirkungen steht uns bis jetzt nicht zur Verfügung. Man muss mit 10—20%iger Lösung 2—3 Mal gewöhnlich cocaïnisieren, um ungestört operieren zu können. Bei Kranken, welche sehr zu Spasmus glottidis neigen, schickt man zweckmässig eine subcutane Morphininjektion voraus. Von den bekannten Cocaïn-Nebenwirkungen sind die häufigsten leichte Aufregungszustände und Schlaflosigkeit in der folgenden Nacht. Durch ein Narkoticum, am besten aber durch ein paar Dosen stärkeren Alkohols lassen sich in der Regel diese Störungen und auch die seltneren stärkeren Vergiftungserscheinungen verhüten. Man gibt den Alkohol gleich nach erfolgtem Eingriff, so lange die Cocaïnwirkung das sonst stark brennende Gefühl beim Schlucken betäubt. Zum Erbrechen neigende Kranke nehmen nur wenig und compacte Nahrung zu sich, weil Flüssigkeiten leichter erbrochen werden.

Der Hals soll nirgend eingeengt sein, ein nicht genügend weiter Kragen wird abgelegt.

Das Instrumentarium wird selbstverständlich durch Kochen sterilisiert.

Nicht minder werden die Kehlkopfspiegel durch Kochen sterilisiert; man gebrauche die Vorsicht, die Spiegel nach beendigter Desinfection unmittelbar aus dem kochenden Wasser heraus abzutrocknen. Der noch sehr heisse Spiegel verdampft dann das kleine Restchen Flüssigkeit, das vielleicht zwischen Fassung und Glas eingedrungen ist; wird der Spiegel aus dem schon abgekühlten Wasser genommen, so bleibt jener Rest sitzen und erscheint störend beim nächstmaligen Erwärmen.

Nach den Operationen lässt man im allgemeinen reine Eisstückchen oder schluckweise eiskaltes Wasser nehmen, nach grösseren Eingriffen legt man jene Eiscravatte an. Die Kälte trägt auch zur Blutstillung bei; die Blutung ist allerdings meistens keine nennenswerte. Eine Ausnahme macht leider manchmal der schwer infiltrierte Kehldeckel bei seiner Totalresection. Einerseits sind die stark infiltrierten Partien sehr blutreich, andrerseits können thatsächlich Kehldeckeläste der Arteria dorsalis linguae und der Arteria laryngea, ja vielleicht diese letztere selbst unter die Curette kommen. Unter zahlreichen Epiglottisresectionen habe ich bisher nur zwei bedrohliche Blutungen erlebt. Sie stellten sich beide nach Aufhören der Cocaïnwirkung ein.

Man comprimiere die Carotis der am stärksten blutenden Seite für mindestens zwei Stunden ohne Unterbrechung und lasse dann allmählich nach. Alles Schlucken, also auch das Nehmen von Eisstückchen sei unterlassen, weil die Zerrung beim Schlucken ein blutendes Gefäss zum Klaffen bringt. Liquor ferri sesquichlorat. ist ganz unnütz; man versäume keine Zeit damit, ebensowenig hilft der sofort verlöschende Galvanokauter; selbstverständlich ist hierbei auch Suprarenin wertlos. Hält eine lebensgefährliche Blutung trotz Compression der Carotis weiterhin an, so zögere man nicht den Kranken zu narkotisieren. Sofort bei eintretender Toleranz wird ein langer, breiter weicher Gummischlauch durch den Larynx in die Trachea geführt und dann rings um diesen Intubationsschlauch die untere Schlundhöhle austamponiert. Der Schlauch wird bis vor den Mund geführt und hier befestigt. Nach etwa 10—12 Stunden kann alles wieder entfernt werden. Es gelang uns hierdurch einen schon verloren geglaubten Kranken noch zu retten. Derselbe hat sich später ausgezeichnet erholt. Im äussersten Notfalle müsste man wohl tracheotomieren und — wenn nötig unter Zuhilfenahme der Laryngofissur — die Blutung stillen.

Nach anstrengenden Eingriffen gehört der Kranke ins Bett.

Die Prognose einer ganz leichten circumscripten Larynxtuberkulose möchte ich derjenigen einer leichten Lungentuberkulose gleichstellen. Ebensogut erscheint mir die Prognose einer mässig schweren circumscripten, aber entsprechend behandelten Kehlkopferkrankung, während der Verlauf derselben unbehandelten Affection wesentlich ungünstiger ist, besonders quoad functionem. Eine schwere diffuse, den ganzen Kehlkopf einnehmende Tuberkulose hat — gleichgiltig ob die Lungen gut oder schlecht sind — sehr traurige Aussichten; immerhin kann eine chirurgische Behandlung auch hier sehr erleichternd und auch lebenverlängernd wirken.

Es wäre noch sehr vieles zu sagen über Verlauf der Kehlkopftuberkulose, über die Technik der chirurgischen Massnahmen, über Funktion des kranken und des behandelten Kehlkopfes, allein ich muss mich innerhalb dieser Abhandlung kurz halten. Nur soviel sei noch erwähnt, dass dem Kehldeckel die ihm zugeschriebene Bedeutung beim Schluckakt nicht zukommt, dass er also, eine sonst gute Funktion des Kehlkopfes vorausgesetzt, ohne jegliche Störung für den Kranken entfernt werden kann[1]).

[1]) Ich verweise auf meine Aufsätze in Münch. Med. Wchschrft. 1898 No. 26 und in Dtsch. Med. Wchschr. 1901 No. 25, ausserdem auf eine später erscheinende Monographie.

Die Tuberkulose der Trachea während des Lebens zu erkennen, fehlen uns oft die nötigen Symptome. Geschwüre machen meistens unbezwinglichen Hustenreiz. Manchmal ist nicht nur die ganze Luftröhrenschleimhaut infiltriert und ulceriert, sondern es erstrecken sich einzelne Geschwüre bis tief in die Bronchien herein. Eine Behandlung erscheint nur möglich, solange der Prozess nicht zu weit unter den Stimmbändern sitzt. Die bei sehr granulationsreichen Tuberkulosen entstehenden Stenosen können eine Tracheotomie nötig machen. In einem äusserst schweren Falle gelang es uns, die Tracheotomie durch energische „endolaryngeale" Excision eines förmlichen Granulomringes etwa anderhalb Zentimeter unterhalb der Stimmbänder zu umgehen.

3. Bronchien.

Sämtliche Erkrankungen im Gebiete des Bronchialbaumes, welche die Lungentuberkulose complicieren können, erfordern eine ernste Berücksichtigung. Wo die Behandlung einer localisierten Tuberkulose mit derjenigen einer acuten oder chronischen Bronchitis collidiert, muss in erster Linie die bronchitische Erkrankung Beachtung finden; namentlich gilt das von der acuten Bronchitis. Der Kranke soll möglichst gleichmässig temperierte reine Luft atmen, er gehört mit seinen frischen Erscheinungen ins Bett, auch wenn seine Körpertemperatur dies nicht verlangt. Wer glaubt, den Aufenthalt in frischer Luft durchsetzen zu müssen, wird nur zu oft bemerken, wie ausserordentlich schleppend die Bronchitis verläuft; vielleicht wird sie der Kranke in manchen Fällen überhaupt nicht mehr los.

Bei subacuten und chronischen Bronchitiden kann man den Aufenthalt in frischer Luft so lange gestatten, als schönes ruhiges Wetter herrscht. Winde, besonders die sehr trockenen Ostwinde, ferner Schneestürme und dergl. sind sorgfältig zu meiden, milde Feuchtigkeit ohne Wind scheint bei manchen Kranken angenehm zu wirken; die Temperaturen der eingeatmeten Luft spielen innerhalb gewisser Grenzen keine sehr grosse Rolle, wenn der Kranke nur durch die Nase atmet; an sonnigen nicht zu kalten Wintertagen kann er daher zu seinem Vorteil ins Freie gehen. Sehr nachteilig wirkt feuchte Kälte; man achte deshalb besonders auch auf das Verhalten der Zimmerluft und lasse eventuell durch Heizen anwärmen und etwas auftrocknen.

Ein weiterer wichtiger Teil der Behandlung von acuten Bronchitiden und Exacerbationen chronischer Bronchitiden besteht in der thunlichsten Einschränkung des Hustenreizes. Der Kranke soll ganz wenig oder gar nicht sprechen und nur durch die Nase atmen; man sei aber auch nicht zu ängstlich in der Darreichung von Narkoticis, wenn nötig auch von Morphin, weil die Bronchitis entschieden abgekürzt wird durch Vermeidung des die kranke Schleimhaut ausserordentlich reizenden, gerade im Beginne sehr heftigen und dabei zwecklosen Hustens; es wird ja nur wenig Schleim von der erst stark geschwollenen Schleimhaut abgesondert. Es wirkt das Narkoticum nicht bloss zur Bequemlichkeit des Kranken, sondern es erfüllt die therapeutische Forderung der Ruhe und Schonung des erkrankten Gebietes; besonders wertvoll wirkt es, sobald in den kleineren Bronchien im Beginne acuter Katarrhe Reizzustände in der Bronchialmuskulatur auftreten. Man versuche die Wiederkehr solcher spastischen Erscheinungen zu vermeiden, je öfter sie kommen, umso leichter treten sie ein.

Bezüglich der sonstigen Behandlung der Bronchitiden verweise ich auf die Kapitel über „Erkältung“ und „Husten und Auswurf" (S. 77 ff., 116 f., 124). Im Beginne der acuten Bronchitis wird man zumeist mit Bettruhe, Priessnitzschem Umschlage, Narkoticum auskommen. Nach solcher acuten Bronchitis soll der Kranke seine Liegekur nicht früher aufnehmen, als bis mehrere Tage lang sämtliche frischen Störungen völlig verschwunden sind.

Bei subacuten und vollends bei chronischen Bronchitiden nun aber spielt die Wahl eines geeigneten Aufenthaltsortes eine fundamentale Rolle. Wenn bei der herdförmigen Erkrankung einer Lungentuberkulose im Notfalle fast jeder hygienisch nicht ungünstige Ort zur Behandlung genügt, sind die klimatischen Verhältnisse bei der mehr weniger diffusen Erkrankung der Bronchialschleimhaut von hervorragendem Einflusse. Im allgemeinen wird man bei stärkerer, leicht expektorierter Sekretion ein trocknes warmes Klima wählen, während bei sehr zähem Auswurfe feuchte Wärme zu bevorzugen ist. Im ersteren Falle kommen also Klimate in Betracht wie z. B. Ägypten. Allein so günstig in dergleichen Breiten das Klima wäre, so ungünstig sind gewöhnlich die hygienischen Verhältnisse; ferner sind keinerlei zweckmässige Vorkehrungen getroffen, die den Kranken bei seinem Aufenthalte im Freien nur einigermassen vor den ewigen Winden und dem fortwährend aufwirbelnden Staub und Sand schützen könnten. Ich glaube, wenn man hierbei Nutzen und Schaden abwägt, wird man nicht so leicht in Versuchung kommen, einen Kranken in solche noch dazu abgelegene Gegenden zu schicken. Man wird in der Nähe einen günstigen Platz finden können, namentlich in Süd-Tirol und der Schweiz.

Für den zweitgedachten Fall einer sehr zähen und schwer herauszubefördernden Sekretion findet sich leichter ein Platz. Man wählt einen Ort an der See, der möglichst vor rauhen Winden geschützt ist, lässt bei günstiger Jahreszeit eine Seereise machen, oder einfacher und billiger, man schickt den Kranken an eine der zahlreichen Salinen mit ihren Gradierwerken.

Generalisieren aber lässt sich bei Wahl des Ortes nicht, man wird manchmal zu einem Versuch und zu einem Wechsel genötigt sein.

Eine ausserordentliche Bedeutung haben die chronischen Katarrhe der feinen Bronchien mit den früher oder später sich einstellenden leichteren oder schweren Ektasien. Bei gleichzeitig bestehender Lungentuberkulose tritt dieselbe meistens so vollständig in den Hintergrund, dass sie auch nur in zweiter Linie, oder überhaupt nicht, Berücksichtigung erfordert. Die Situation wird in ausgesprochenen Fällen vollkommen von der Broncheolitis und deren Begleiterscheinungen beherrscht.

Da die Behandlung, auch die Prognose, eine von der der Lungentuberkulose in manchen Punkten verschiedene ist, so ist es sehr wichtig, eine frühzeitige Diagnose zu stellen. Sehr weit ausgebildete Bronchiektasien mit cyanotischen Trommelschlegelfingern[1]), sich charakteristisch schichtendem, womöglich schon stinkendem, Auswurfe u. s. w. wird natürlich kaum jemand übersehen. Auch mässig lang nur bestehende, über die unteren Lungenpartien beiderseits ausgedehnte, von unten nach oben an Intensivität abnehmende Broncheolitiden, an welchen sich die Oberlappen nur wenig oder gar nicht beteiligen, sind entweder schon nach der ersten Untersuchung oder nach kürzerer Beobachtung zu erkennen.

---

[1]) Ich möchte die Vermutung aussprechen, dass die auch bei Lungentuberkulose da und dort vorhandenen meist blassen Trommelschlegelfinger auf Lymphstauungen, die wohl immer cyanotischen Kolbenfinger bei Bronchiektasien von Blutstauungen herrühren. (Cyanotische Kolbenfinger besonders bei angeborenen Herzfehlern u. s. w.)

Endlich bietet eine einseitige chronische Brocheolitis in den unteren Lungenpartien so lange keine wesentliche diagnostische Schwierigkeit, als die Anamnese und die physikalische Untersuchung deren Ursache, die Compression durch eine frühere einseitige, meist exsudative Pleuritis, nachweisen. Schwieriger ist es schon, die Tuberkulose von der reinen Broncheolitis zu scheiden, wenn die letztere einseitig und der Hauptsache nach im Oberlappen lokalisiert ist. Die Scheidung ist erst nach sorgfältiger Beobachtung, welche eine noch active Tuberkulose erkennt oder ausschliesst, möglich. In derartig lokalisierten broncheolitischen chronischen Zuständen kann man, soweit unsere Erfahrung reicht, oft anamnestisch wie durch Untersuchung eine früher vorhandene Tuberkulose des betreffenden Oberlappens nachweisen; es lässt sich eine alte geschrumpfte Caverne feststellen, in deren Umgebung die chronisch entzündlichen Erscheinungen nicht mehr zurückgebildet wurden (s. S. 8), während die Schrumpfungsvorgänge der Caverne ektatischen Zuständen der Bronchien wohl noch Vorschub geleistet haben.

Es ist in Anbetracht unserer Untersuchungsmethoden klar, dass gewisse Schwierigkeiten der Differentialdiagnose nicht überwunden werden können; niemand wird auch erwarten, dass zwischen einer tuberkulösen und einer ähnliche physikalische Merkmale liefernden anderen Affektion die Grenzen mit dem Lineal gezogen werden, wie es auch nicht von der Hand zu weisen ist, dass innerhalb von bronchiektatischen Herden auch einmal ein tuberkulöser Herd gefunden wird. Und doch, hat man einmal eine Unterlappen-Affektion als chronische Broncheolitis mit ihren peribronchitischen chronisch-entzündlichen Erscheinungen als solche erkannt, so ist man im stande eine ziemlich scharfe Grenze zwischen ihr und einer im Oberlappen lokalisierten

Herdtuberkulose zu ziehen, sofern nicht eine starke pleuritische Dämpfung hinderlich wird. Man wird die Grenze ungefähr da zu suchen haben, wo die durch die Tuberkulose verursachte ziemlich beträchtliche Dämpfung einem helleren Schalle Platz macht, während gleichzeitig innerhalb dieses helleren Gebietes die Rasselgeräusche zahlreicher, dichter, und meist klein- bis mittelgross-blasig feucht sind.

In der Hauptsache handelt es sich wohl darum, eine — ohne vorausgegangene, klinisch als solche erkennbare Pleuritis — in den unteren Lungenabschnitten entstandene chronische Broncheolitis mit den peribronchitischen (interstitiellen) chronischen entzündlichen Zuständen möglichst früh diagnostisch zu scheiden von einer disseminierten Tuberkulose derselben Lungenpartien, und zwar in Fällen, wo eben der Kranke an zweifelloser Oberlappentuberkulose erkrankt war oder ist, oder vielleicht auch sonstwo sichere Tuberkulose aufweist.

Bei erst kurzem Bestehen der Erscheinungen dürften die Resultate der physikalischen Untersuchung keine grossen Differenzen liefern, es wird eben der entzündliche Zustand des betroffenen Lungenabschnittes nachgewiesen: Dämpfung über den luftarmen Partien, leicht veränderte Atmung, geringe Sekretion in den feineren Luftwegen. Die Begleiterscheinungen aber der Erkrankung und deren weitere Entwicklung geben meistens genügende Trennungsmerkmale.

Im thatsächlichen Beginne der disseminierten Tuberkulose kann nur eine acute croupöse und heftige katarrhalische Pneumonie und Pleuritis in Betracht kommen. Diese machen schon nach wenig Tagen viel gröbere Befunde als die Tuberkulose, eine Klärung wird also nicht lange auf sich warten lassen. Eine Broncheolitis entsteht nie mit dieser Heftigkeit; erst im späteren Verlauf derselben, wenn meist schon Ektasien vorhanden sind, kommt es zu acuten hochfieberhaften Attaquen, die auf Stagnation von eitrigem oder gar foetidem Auswurfe und circumscripte Entzündungen zurückzuführen sind.

Fast immer handelt es sich aber nicht um irgend eine acute Attaque, sondern um schon im Gange befindliche Störungen, wenn man den Kranken zu sehen bekommt, wenigstens trifft das für Anstalten zu. Die Entscheidung dürfte nach folgenden Gesichtspunkten zu suchen sein.

Vor allem ist der Gesamteindruck, den der Kranke macht, bei disseminierter Tuberkulose ein viel schwererer als bei chronischer Broncheolitis mit ihrer „chronischen Pneumonie". Die Kurzatmigkeit, bei letzterer Erkrankung erst nach langer Dauer und grosser Ausdehnung derselben vorhanden, ist bei der Tuberkulose von vornherein eine ausgesprochene, um so stärker natürlich, wenn die Dissemination über beide Lungen erfolgt war.

Die Körpertemperaturen sind bei der chronisch entzündlichen Erkrankung, abgesehen von obigen Ausnahmen, entweder normal oder leicht erhöht, höchstens subfebril, bei jener voll aktiven Tuberkulose aber bewegen sie sich meist in maximo nicht niedriger als um 39° herum und zeigen nur geringe Remissionen, um 38° herum. Die von letzterer Erkrankung gelieferten Rasselgeräusche sind im allgemeinen an Menge viel geringer und anfangs viel feinblasiger als bei der chronischen Entzündung gleicher Ausdehnung; die Sekretion ist in ersterem Falle spärlich und fast rein schleimig, im letzteren ziemlich reichlich und eitrig schleimig. Diese Unterschiede der Sekretion verwischen sich allerdings im weiteren Verlaufe der Erkrankungen, doch dürfte man dann schon zu einer sicheren Diagnose gekommen sein. Da und dort beobachtet man in jenem schleimigen Sputum Unmassen von Tuberkelbacillen, aber eben nicht konstant; im broncheolitischen Sputum wird man vergeblich danach suchen, soweit nicht von anderen tuberkulösen Stellen Bacillen mit unterlaufen. Auf diesen Bacillenbefund des Auswurfes ist also nicht viel zu geben.

Das Allgemeinbefinden ist im Falle der chronischen ektatischen Broncheolitis wenig, im andern sehr erheblich gestört; es fallen vor allen Dingen, namentlich in der ersten Zeit heftige Kopfschmerzen, Appetitlosigkeit, Übelkeit, auch Erbrechen auf. Der Schlaf ist bei der schweren Erkrankung entsprechend unruhig.

Endlich mag man noch anführen, dass Diazoreaction im Harn und eine, prognostisch üble, gleichzeitige blutig-seröse Pleuritis für (disseminierte) Tuberkulose spricht. Die Geringfügigkeit des als ursprünglich zu betrachtenden tuberkulösen Herdes spricht natürlich nicht gegen die weitere Aussaat.

So prägnant, wie eben skizziert, sind nun freilich die Unterschiede sehr häufig nicht, sonst würden nicht so viele falsche Diagnosen gemacht werden. Es erscheint zweifellos, dass eine disseminierte Tuberkulose in ihrer Heftigkeit nachlassen kann, dass sogar für mehrere Wochen sämtliche Symptome derselben, besonders auch das Fieber, sehr weit zurücktreten, ja man muss an die Möglichkeit denken, dass mehrere Herde sich zusammenschliessen, dass sie gegen ihre Umgebung durch die entzündlichen Erscheinungen eine Abgrenzung erfahren und demnach die Acuität aller Erscheinungen nachlässt.

Endlich kann sich gewiss auch die Unterlappentuberkulose wie eine Oberlappentuberkulose entwickeln und es kann sich die Unterlappentuberkulose aus der des Oberlappens ohne Unterbrechung hergeleitet haben. Diese letztgenannten Möglichkeiten sind so selten, dass sie gegenüber der häufigsten Form der Unterlappentuberkulose, eben der disseminierten, nur ganz ausnahmsweise in Betracht kommen. Eine tuberkulöse Unterlappencaverne zu diagnosticieren, halte ich für sehr gewagt; nicht, weil die Sektion nicht schon solche Diagnosen bestätigt hätte, sondern weil viel öfter eine diffuse cylindrische Bronchiektasie den Befund einer solchen grossen Caverne vortäuscht.

Ähnlich ergeht es bei Tumoren; erst wenn sie grösser werden, oder wenn anderweitige bestimmte Anhaltspunkte die Auffassung leiten, kommt man zur Scheidung derselben von Bronchiektasen oder gar tuberkulösen Cavernen.

Bei den obengenannten eventuellen Schwierigkeiten der diagnostischen Trennung von Tuberkulose und chronisch-entzündlichen Zuständen der Bronchiolen und des umgebenden Gewebes entscheidet im Notfalle eben der Verlauf. Schliesslich führt doch die Tuberkulose des Unterlappens, wenn auch vielleicht langsam und mit scheinbaren Stillständen, abwärts und zwar im allgemeinen in viel kürzerer Zeit als es bei der andern Affektion der Fall sein würde. Diese letztere andererseits ist bei zweckmässiger Behandlung zum mindesten sehr besserungsfähig, was nach den bisherigen klinischen Erfahrungen für eine Tuberkulose des Unterlappens keineswegs zutreffen dürfte. Von beiden in Rede stehenden Krankheiten ist übrigens die chronische Broncheolitis die bei weitem häufigere.

Die Prognose der ausgesprochenen chronischen Broncheolitis mit all ihren Begleitzuständen halten wir gewiss für viel besser als die einer Unterlappentuberkulose, aber für entschieden schlechter als die einer circumscripten Oberlappentuberkulose.

Nur die leichtesten chronischen Broncheolitiden heilen thatsächlich, besonders gilt das für die nach Pleuritis entstandenen, falls nicht durch starke Schwarten eine dauernde Kompression verursacht ist. Leider findet man da und dort auch nicht unbeträchtliche Reste von Exsudaten, die nicht entfernt wurden, obwohl die Pleuritis schon ein paar Monate lang abgelaufen war.

Der ungünstige Verlauf gestaltet sich meist so: Während bei ziemlich umschriebenen schweren bronchiektatischen Cavernen der Kranke an Eiter- und Sepsisprocessen und amyloiden Veränderungen zu grunde geht, stirbt er bei diffusen schweren broncheolitischen und peribronchitischen Zuständen, denen übrigens mässige diffuse cylindrische Erweiterungen der Bronchien so gut wie nie fehlen, wie ein Herzkranker.

Die Grundzüge der Behandlung der chronischen Broncheolitis mit Begleitzuständen ergeben sich aus dem anatomischen Process. Es sind anzustreben: Ausgiebige Entleerung des gebildeten Sekretes und möglichst gute Bedingungen für die Blutcirculation im erkrankten Gebiete.

Hat man also einigen Verdacht, dass gebildetes Sekret nicht genügend entleert wird, oder haben vorausgegangene Stagnierungen bestehende Schwierigkeiten der Entleerung erwiesen, so kommt die Darreichung von Expectorantien in Betracht nach den unter „Husten und Auswurf“ gebrachten Ausführungen. Besonders Jodkali ist hier zu empfehlen. Ist die Auswurfmenge aber ziemlich reichlich und ziemlich dünnflüssig oder besteht gar Neigung zu fauligen Zersetzungen, so ist Terpentin innerlich von ausgezeichneter Wirkung, auch Kreotsotpräparate lassen sich hier mit grossem Vorteil verwenden. Man unterstützt die innerliche Darreichung sehr zweckmässig durch Inhalationen von balsamisch-aromatischen Mitteln.

Zu diesem Zwecke kann man in ganz einfacher Weise einige Tropfen des betreffenden Präparates auf heisses Wasser geben und die aufsteigenden Dämpfe einatmen, oder man benutzt die sogen. Terpentinpfeife (ziemlich schwach wirkend), oder man hängt mit dem gewünschten Mittel durchtränkte grosse Löschpapiere im Zimmer nahe dem Kranken auf, oder bedient sich des Kafemann'schen Inhalators, der leicht angewärmt wird. Die besten Inhalationsmethoden sind m. E. diejenige mit dem Feldbausch'schen Inhalator, der überall in bequemer Weise, fast unsichtbar, in der Nase getragen werden kann und sehr reinliche Handhabung verbürgt, und die mit dem neuerdings in den Handel gebrachten Öl-Zerstäuber. Demselben Zwecke dienen natürlich auch die an manchen Orten sehr gut eingerichteten Inhalatorien. Es wird täglich einige Stunden lang in Pausen inhaliert, bei stärkeren Kopfschmerzen wird ausgesetzt. Der Kranke gewöhnt sich jedoch sehr bald an die Einatmung der Präparate. Wenn schon cavernöse Räume bestehen, so lernt der Patient es bald, sich in diejenige Körperseitenlage bei abwärts geneigtem Thorax zu bringen, bei welcher am leichtesten oft in grossen Mengen das Sekret sich so vollständig entleert, dass die nachfolgende Inhalation Nutzen verspricht.

Die innerliche Darreichung von Terpentin u. s. w. wird meist sehr gut vertragen; das in den ersten paar Tagen bemerkte Aufstossen verschwindet rasch, auch der Appetit wird nicht nur nicht gestört, sondern oft angeregt, vorausgesetzt, dass die eingenommenen Dosen nicht zu grosse waren.

Vor der Verordnung genannter Mittel prüfe man immer erst noch besonders die Beschaffenheit des Urins, und sei vorsichtig, namentlich bei innerlicher Darreichung jener

Substanzen, wenn Reizzustände der Niere vorhanden sind (Cylinder, rote Blutkörperchen, Eiweiss). Amyloide Veränderungen der Nieren werden wohl nicht nennenswert ungünstig beeinflusst.

Sobald Fieber und hohes Fieber eintritt infolge von acuten Entzündungsherden oder von stagnierendem Auswurf, gehört der Kranke ins Bett, bis die direkt fieberhaften Temperaturen wieder verschwunden sind. Allein, im Unterschiede zur Behandlung des früher besprochenen, durch Tuberkulose oder Einschmelzungsvorgänge bei derselben verursachten Fiebers lasse man bei diesen Attaquen die Kranken nicht länger liegen als unbedingt nötig erscheint. Gerade bei stagnierendem Auswurfe versuche man den Patienten bald aus dem Bette zu bringen, auch wenn die Temperaturen noch subfebrile sind, vorausgesetzt, dass der Allgemeinzustand und das subjektive Befinden nicht zu schlecht sind. Die Bettruhe aber trotz Fiebers und hohen Fiebers bei genannten Vorgängen überhaupt vermeiden zu wollen, müssen wir widerraten, das schlechte Allgemeinbefinden treibt übrigens meistens den Kranken selbst ins Bett.

Eine langdauernde Rückenlage, sei es im Bette oder im Freien auf einem Liegestuhl, erschwert nicht nur die Expektoration, sondern vermehrt auch die schon vorhandenen, meist beträchtlichen Circulationserschwernisse des Blutes. So lange also der Kranke nicht gezwungen ist, im Bette zu liegen, wird man auch die Zeit auf dem Liegestuhle abzukürzen suchen. Man wird mit Vorsicht trotz und wegen einer Temperatur um 37,6 herum kleine Spaziergänge machen lassen, zweimal täglich $^1/_2$ Stunde, später mehr, man wird darauf sehen, dass auch im Liegen und zeitweiligen Aufsitzen die Atmung nicht zu flach wird — hier ist wiederholtes tiefes Ein- und Ausatmen am Platze —, man wird fernerhin beim Liegen im Falle einseitiger Erkrankung den Kranken recht viel auf die gesunde Seite sich legen lassen. Die erhöhte Temperatur wird aber nach den Spaziergängen keine Steigerung erfahren, vielmehr wird sie im Laufe weniger Wochen eine völlig normale werden, falls überhaupt die krankhaften Veränderungen noch einer Besserung fähig waren. Durch zweckmässige Spaziergänge aber, die allmählich verlängert und auf leicht ansteigenden Wegen vorgenommen werden, dient man endlich auch der Kräftigung der Herzarbeit. Nicht nur die freiere Atmung, auch die Hyperämie des erkrankten Gebietes und die Sekretionsverhältnisse hängen schliesslich von der guten oder ungenügenden Herzthätigkeit ab. Man denke an die hohen Anforderungen, welche, namentlich bei diffusen Prozessen, an das Herz so lange Zeit gestellt werden und versäume nicht zu rechter Zeit Stimulantien, wie Strophanthus und Coffeïn, zu geben. Bei deutlicher Insuffienz der Herzarbeit und bei den oft abundanten Bronchiektasen-Blutungen muss der Kranke ins Bett, z. T. aus den gleichen Gründen wie ein Herzkranker mit Kompensationsnachlass (s. a. S. 94 ff.).

Eine chirurgische Behandlung circumscripter starker Bronchiektasien ist neuerdings von Quincke empfohlen. Wir wissen nur von einem, bisher nicht eben günstig verlaufenen, operierten Fall, haben daher kein Urteil aus eigener Erfahrung.

Klimatische Einflüsse scheinen bei ausgesprochenen chronischen Bronchiektasien keine grosse Rolle zu spielen, je nach der Sekretion (s. o.) wird trockne oder feuchtwarme salzhaltige Luft vorzuziehen sein.

Die Behandlung des mit manchen Katarrhen der feinen Luftwege vergesellschafteten Asthma, keiner häufigen Komplikation der Lungentuberkulose, ist zumeist leider eine symptomatische; die Strammonium-Präparate sind der Hauptbestandteil der im acuten Anfalle sehr wertvollen zahlreichen Räucherpulver.

Soweit das Asthma allerdings durch nervöse Störungen und durch Erkrankungen der Nase und des Nasenrachenraumes (Polypen, Gaumenmandel) ausgelöst wird, gelingt es recht oft, dasselbe zu längerem Verschwinden, vielleicht sogar zur Heilung zu bringen.

4. Lunge.

An zweifellosen acuten fibrinösen Pneumonien habe ich unter etwa 2500 tuberkulös Erkrankten nur 3 beobachtet. Sie verliefen in typischer Weise, ohne dem Kranken bemerkbaren Nachteil zu bringen. Dabei mögen sich immerhin ein paar Pneumonien — aber sicher nur wenige — durch unregelmässigen Verlauf der Diagnose entzogen haben.

Hier möchte ich kurz einreihen die nicht selten zu gewissen Zeiten in mehrfacher Zahl auftretenden Erkrankungen an Herpes febrilis, und diejenigen acut fieberhaften Erkrankungen mit kritischem Abfall der Temperatur, welche ohne weiteren physikalischen Befund in 2—3 Tagen gutartig verlaufen, und bei welchen im schleimig-eitrigen Auswurf recht häufig auffallend viele Diplococcen aber keine Influenzabacillen gefunden werden. Kultur und Impfung würde wohl eine Klärung bringen.

In den letzten (12—14) Jahren bildete auch die Influenza eine häufige Komplikation der Lungentuberkulose zum Schaden der betroffenen Kranken. Ohne Zweifel ist aber mit der Diagnose der Influenza Missbrauch getrieben worden.

Die acuten lobulären Pneumonien kommen öfter als die fibrinösen zur Beobachtung; sie nehmen manchmal einen so schleppenden Verlauf, dass man zu dem Verdachte einer disseminierten Tuberkulose geführt wird. Die Lokalisation dieser lobulären Entzündungen findet meistens wohl in den Unterlappen statt, doch recht häufig auch, der Hauptsache nach, im Mittellappen und im Axillargebiet des linken Oberlappen. Hierher müssen auch jene lobulären Entzündungen gezählt werden, welche sich — meist nach unten an Intensität abnehmend — in der Umgebung einer noch frischen Oberlappentuberkulose anschliessen. Sie verlaufen ähnlich wie die gewöhnlichen katarrhalischen Pneumonien, Fieber, Dämpfung und Rasseln verschwinden günstigen Falles in 4—8 Wochen. Daher kommen die unheimlich rapiden Heilerfolge der Tuberkulose, welche mancher diagnostisch unscharfe Optimist aufzuweisen hat.

Diese Pneumonien werden selbstverständlich ebenfalls im Bette abgemacht unter Applikation von Priessnitz'schen Umschlägen u. s. w., wie es frühere Kapitel schon allgemeiner behandelt haben. Wenn aber endlich nach vielleicht 6 oder 8 Wochen die inzwischen unter 38° gesunkenen Maxima keinerlei Tendenz zur Änderung mehr zeigen, wenn gleichzeitig der sich konstant bleibende Befund in den untersten Lungenpartien für die noch erhöhte Temperatur verantwortlich gemacht werden muss und nicht etwa aktive tuberkulöse oder im Gange befindliche destruktive Erscheinungen, dann lasse man in der vorsichtigen Weise, wie S. 55f. geschildert, den Kranken aufstehen, schliesslich ins Freie kommen. Es wird gewiss zu seinem Vorteil und meistens zum Verschwinden jener Störungen führen.

Die Pneumonokoniosen seien nur vorübergehend erwähnt; ihr Diagnose ergiebt sich meist aus der Anamnese,

d. h. der Beschäftigung des Kranken. Sie sind sehr häufig vergesellschaftet oder gefolgt von Tuberkulosen.

Das Emphysem ist hauptsächlich eine Komplikation der chronischen Bronchitiden, weniger der Lungentuberkulose. Ein volumen pulmonum auctum allerdings mit deutlicher respiratorischer Verschiebung der Grenzen ist gewiss nichts seltenes bei Tuberkulösen. Auch Erweiterung einer gesunden Lunge, vicariierend, wie man sagt, für die kranke, und endlich Erweiterungen einzelner Abschnitte wie der Spitzen (luftkissenartige Vorwölbungen) ohne allgemein nachweisbare Verbreiterung der Grenzen werden beobachtet. Es kann durch die letzteren eine früher starke Spitzendämpfung entschieden etwas aufgehellt erscheinen. Die Behandlung des Emphysems geschieht im Zusammenhang mit der gleichzeitig vorhandenen Bronchitis. Günstige Resultate werden durch zweckmässige Anwendung der pneumatischen Kammern gemeldet.

5. Pleura.

Die im Verlaufe der Tuberkulose der Lungen oder auch der Mediastinaldrüsen, d. h. als Folge, nicht Ursache derselben, auftretenden Pleuritiden sind allermeistens, so lange es sich nicht um direkt eitrige Infektionen z. B. von Cavernen oder cariösen Abcessen aus handelt, serös, blutigserös, serofibrinös, fibrinös. Die letztgenannte Möglichkeit der fibrinösen Ausscheidung führt zu dem, was man trockne Rippenfellentzündung nennt, und zu Schwartenbildungen. Auch bei exsudativen Processen wird das am Anfange oder Ende hörbare Knarren etc. durch Fibrinauflagerungen bedingt. Die Verschiebung der entzündeten Pleurablätter aneinander aber ist es, was die gewöhnlich heftigen Schmerzen, das Stechen, verursacht, nicht die

Reibung der fibrinösen Unebenheiten aneinander. Denn nach abgelaufener Entzündung hat der Kranke nicht mehr die charakteristischen stechenden Schmerzen, obwohl er ganz deutlich noch für längere Zeit unangenehmes Reiben fühlen und der Untersucher es nachweisen kann. Diese charakteristischen Rippenfellschmerzen verschwinden aber auch während der Aktivität der Entzündung, sobald die kranken Pleurablätter von einander getrennt werden. Das trennende Medium ist eben, vom reinen Pneumothorax abgesehen, Flüssigkeit.

Einzelne Pleuritiden entstehen so langsam und schonend bei so wenig gesteigerter Temperatur, dass der Kranke ohne Kenntnis derselben herumläuft, auch seiner Arbeit nachgeht. Sind leichte Schmerzen vorhanden, so werden sie oft als Rheumatismus gedeutet. Erst später wird manchmal vom Arzt zum Erstaunen des Kranken das Resultat einer abgelaufenen Pleuritis gefunden. Die meisten der exsudativen Entzündungen entstehen aber akut, mit hohem Fieber, starkem Hüsteln, heftigen Schmerzen und Atemnot. Der Kranke sucht von selbst das Bett auf und harrt ungeduldig der Linderung seiner grossen Beschwerden. Hier ist es völlig berechtigt, sofort ein Narkoticum, am besten eine Injektion von Morphin (0,015—0,02) zu gewähren, es wird mit Verminderung der Schmerzen und des quälenden Hüstelns die Atemnot schnell sich bessern. Denn diese Atemnot ist ja nur die Folge der reflektorisch und willkürlich in ihren Exkursionen auf ein Minimum eingeschränkten Respiration. Sehr häufig braucht die Injektion nicht wiederholt zu werden, es genügen nach der ersten gewöhnlich schon per os verabreichte mässige Dosen eines Narkoticum. Die Wirkung derselben wird wesentlich unterstützt durch heisse Breiaufschläge, oder auch Eisblase; für die Nacht legt man zweckmässig einen Priessnitz'schen Umschlag um den Thorax, wenigstens für die Dauer des fieberhaften Verlaufes. Da anfangs keinerlei die Atmung behindernde Entzündungsprodukte vorhanden sind, wirkt auch jener Umschlag nicht beengend. Dass für entsprechende Ernährung etc. gesorgt wird, ist selbstverständlich. Hiermit ist dann vorläufig die Behandlung erschöpft. Ich möchte wenigstens nicht befürworten, die Haut des Kranken mit Senfpapieren, Blasenpflastern, Jodtinktur, points de feu u. s. w. zu maltraitieren und zu verunstalten, da die Wirkung solcher Proceduren durchaus nicht mehr leistet als jene heissen Kompressen und Umschläge.

Hat sich ein Exsudat gebildet, so wird dasselbe überwacht, aber vorerst nicht punktiert, jedenfalls nicht während der durch Fieber gekennzeichneten Aktivität des Prozesses, es müsste denn sein, dass die absolute Menge des Exsudates, oder durch die Flüssigkeit bedingte Atemnot oder stärkere Verschiebung des Herzens oder der Verdacht auf Empyem es erfordern.

Hält man nach dem langsamen Rückgang der Körpertemperatur, dem besseren Allgemeinbefinden und nach dem nunmehr ziemlich unveränderten objektiven Befund die aktive Entzündung für erledigt, so versucht man die Resorption und Ausscheidung des Exsudates zu unterstützen. Viele Kranke neigen zu dieser Zeit an und für sich zu Schweissen; man wird diese Schweisse bei kräftigen Personen noch fördern, falls nicht — wie zuweilen — die Schweisseruption spontan eine sehr heftige ist. Andrerseits wird man auf vermehrte Wasserausscheidung durch den Urin hinwirken. Sehr gebräuchlich sind Wachholderthee, Scilla, Natrium aceticum, Calomel. Seit mehreren Jahren ist Diuretin sehr empfohlen. Es ist nach unserer Erfahrung nicht eben wertvoll. Als bestes Diureticum hat sich uns in den letzten 4 Jahren echtes Pilsenerbier bewährt. Ich möchte es dringend empfehlen, mit oder ohne Diuretin. Man gebe 2 mal täglich $^1/_2$ Flasche, d. i. je $^3/_8$ l, bei weiblichen Patienten hat auch schon 1 mal täglich $^3/_8$ l sehr günstig gewirkt. Ist die Diurese im Gang, so betragen die ausgeschiedenen Urinmengen das 3-, ja sogar 4-fache der Menge des Pilsenerbieres bei $^3/_4$ l in 24 Stunden. Nur in ganz vereinzelten Fällen habe ich keine deutliche Wirkung beobachtet.

Ist der Process als abgelaufen zu bezeichnen, d. h. die Körpertemperatur für viele Tage völlig normal gewesen, sind die objektiven Erscheinungen, soweit wie vorerst zu erwarten, zurückgegangen und keinerlei charakteristische Schmerzen bei tiefem Atmen oder bei Bewegungen mehr vorhanden, dann kann der Kranke anfangen aufzustehen. Ebenso verfahre man, wenn bei sonst gleichen Verhältnissen die Temperatur für 3—4 Wochen völlig konstant, obgleich noch leicht erhöht ist (ca. 37,4—37,6), und besonders, wenn vielleicht feine Rasselgeräusche in den unteren Partien der pleuritisch erkrankt gewesenen Seite zu hören sind. Diese Störungen werden dann im Verlaufe der nächsten Wochen schwinden. Ist man seiner Sache nicht ganz sicher, hat man vor allen Dingen Verdacht, es möchte infolge der schweren Allgemeinschädigung des Organismus durch die überstandene Krankheit die Tuberkulose selbst aktive Veränderungen erfahren haben und jene leichten Temperatursteigerungen verursachen, oder aber, dauert ein destruktiver Process, der die Pleuritis im Gefolge hatte, noch fort, so lasse man den Kranken noch für längere Zeit das Bett hüten.

Findet man nun nach schon einige Wochen lang abgelaufener Pleuritis, dass sich immer noch ein bemerkenswerter Rest des Exsudates vorfindet, so befreie man die Lunge von dieser Kompression, sonst werden sich jene misslichen chronischen Entzündungszustände in der komprimierten Lunge entwickeln oder weiter ausbilden.

Eine lokale Dusche der erkrankt gewesenen Seite nehme man nur vor, wenn man vor einer Recrudescenz der Tuberkulose sicher zu sein glaubt. Man vergesse nicht, dass jene Pleuritis nur möglich war durch eine noch im Gange befindliche Tuberkulose. Denn ein völlig in sich bindegewebig abgeschlossener tuberkulöser Herd wird nie eine Pleuritis verursachen.

Sammelt sich nach Ablauf aller akut-entzündlichen Erscheinungen ein rechtzeitig punktiertes blutig-seröses oder serös-trübes Exsudat nach wiederholten Punktionen immer wieder an, so liegt der Verdacht nahe, dass die Pleura selbst von Tuberkulose oder gar von malignen Tumoren befallen sei.

Empyeme werden nach chirurgischen Gesichtspunkten behandelt.

Reichen entzündliche Zustände oder tuberkulöse Herde des Lungenoberlappens an die Pleura, und das ist gerade bei dem mässigen Volumen der Lungenkuppe leicht möglich, so entstehen Reizzustände des Rippenfelles an entsprechender Stelle, welche zu Verklebungen führen. Solche Reizzustände der Pleura geben zu mancherlei unangenehmen Empfindungen und Druck- und Schmerzgefühl Veranlassung, ohne dass es gleich zu klinisch ausgesprochener Pleuritis kommt. Man findet bei Sektionen von alten Oberlappentuberkulosen immer starke Verwachsungen zwischen pulmonaler und costaler Pleura, ja man findet manchmal Cavernen, welche stellenweise die Lungengrenze überschritten haben und erst an dem erheblich verdickten subserösen Bindegewebe der

Costalpleura Halt gemacht haben. Trifft es sich bei der destruktiven Entwicklung einer Caverne nun, dass entweder die Verklebungen noch nicht fest genug den freien Pleuraraum verlegt haben, oder dass sogar überhaupt noch keine nennenswerten Verklebungen an irgend einer Stelle gebildet sind, so kommt es gelegentlich ohne nachweisbaren unmittelbaren Grund oder durch geringfügige Drucksteigerungen im Innern der Lunge oder Caverne und Zerrungen zur Kommunikation der verschieden grossen Lungenhöhle mit dem Rippenfellraum. Die Folge ist, je nach Art und Ausdehnung der gebildeten Verwachsungen, ein partieller oder allgemeiner Pneumothorax. Man unterscheidet noch Formen des Pneumothorax, je nachdem die entstandene Öffnung sich rasch wieder schliesst, oder sich nur bei der Einatmung öffnet oder ununterbrochen mit der nach aussen durch den Bronchus offenen Caverne communiciert. Wenn man will, kann man die oben geschilderte, über die Lunge hinaus vorgeschobene Caverne als partiellen, weit offenen Pneumothorax auffassen, der jedoch keine besondere Bedeutung beansprucht, solange eben eine gute Abgrenzung besteht. Die eigentlichen partiellen Pneumothoraces, wie man sie für gewöhnlich versteht, mögen sie offen oder ventilartig sein oder sich durch Verklebungen der Kommunikation absacken, machen ebenfalls keine bedrohlichen Erscheinungen, vielleicht wird nicht einmal ihr akuter Beginn immer richtig gedeutet. Alarmierende Symptome giebt nur ein ziemlich grosser partieller und immer ein allgemeiner Pneumothorax. Von den rasch sich ausbildenden physikalischen Folgen sei besonders hingewiesen auf die Kompression von nicht völlig durch Verwachsungen unbeweglich gemachten Lungenteilen, namentlich auf die Kompression einer Caverne. Es ergiebt sich eine auffallende Verminderung oder Verschwinden des Auswurfes.

Man hat wiederholt beobachtet, dass die Wände sogar grösserer Cavernen ganz aufeinander gedrängt wurden und wohl verklebten, dass auch späterhin die Cavernensymptome nicht mehr zum Vorschein kamen und die Hauptquelle des eitrigen Auswurfs dauernd versiegt war. Nach Behebung des Druckes durch Resorption der Luft — manchmal bleiben auch kleine abgesackte lufthaltige Hohlräume zwischen den Pleurablättern bestehen — erscheint aber leider oft die Caverne wieder.

Ein absolut tödlicher Zufall ist der Pneumothorax bei sonst nicht zu schlechtem Lungen- und Allgemein-Zustand nicht.

Von 8 schweren Pneumothoraxfällen sind in direktem Anschluss an die Perforation nur 2 gestorben; 3 reisten, nachdem sie sich einigermassen erholt hatten, nach Hause und erlagen dort der fortschreitenden Tuberkulose, davon ein junges Mädcheu erst nach etwa $^5/_4$ Jahr; von den übrigen 3 haben 2 nichts mehr von sich hören lassen, doch hat einer davon nach einem Jahre noch gelebt. Der Letzte endlich dieser drei, auch kehlkopfkrank, erlitt einen Pyopneumothorax; er musste zweimal operiert werden (ausgedehnte Resektion des Thorax, nachträgliche Eröffnung eines Nekrosenabcesses und Resektion der nekrotischen Rippe), kam kaum mit dem Leben davon, ist jedoch seit schon 1 Jahr bis auf eine kleine geringfügig absondernde Thoraxfistel geheilt und sein Kräftezustand und Aussehen sind blühend.

Die Behandlung des frisch entstandenen Pneumothorax besteht in absoluter Bettruhe, bei Schmerzen gibt man Eisblase, zur weiteren Ruhigstellung und Vermeidung des Hustens Narkotica, wo erforderlich Coffeïninjektionen zur Besseruug der Herzthätigkeit.

Von Tumoren im Mediastinalraume seien nur die manchmal enormen Drüsenpackete erwähnt. Wenn auch ihr physikalischer Nachweis sehr oft nicht gelingt, so können sie ihrer Häufigkeit wegen doch in vielen Fällen postuliert werden durch die sonst schwer zu deutenden Erscheinungen, welche sie machen. Kleinere Packete macheu ja gewöhnlich gar keine Störungen, falls der tuberkulöse Process sich nicht gerade lebhaft in ihnen abspielt. In diesem letzteren Falle aber verursachen sie vor allem die charakteristischen leichten Temperatursteigerungen, für welche eben sonst auch bei mehrmonatiger Beobachtung keinerlei Anhaltspunkt zu finden ist, dumpfe, drückende, von Zeit zu Zeit auftretende Schmerzen mit leichter Beklemmung, anscheinend auch „trockenen“ Husten, allgemeines Unbehagen, Müdigkeit. Vergrösserte und empfindliche Cervical- und Supraclavicular-Drüsen bestärken den Verdacht. Sind die Drüsentumoren im Mediastinalraum sehr gross, dann allerdings machen sie sich deutlicher bemerkbar durch Kompression des Recurrens, Kompression eines Oberlappenbronchus mit den kaum zu missdeutenden physikalischen Folgen, ja Kompression der Speiseröhre. Zuweilen gelingt es dann auch, die Tumoren durch Perkussion und Auskultation, in manchen Fällen durch Palpation der etwas vorgetriebenen (obersten) Intercostalräume und Rippen nachzuweisen.

Die Behandlung ist hier ziemlich machtlos; an eine Exstirpation ist nicht zu denken. Man glaubt, gute Resultate durch Darreichung von Arsen oder subcutane Injektionen von Natrium kakodylicum und Hebung der Ernährung erreicht zu haben.

B. Herz und Blutgefässe.

Nicht „die angeborene Kleinheit des Herzens und Enge der Aorta“, sondern die innige Beziehung zwischen Herzarbeit und Lungenerkrankung soll hier betont werden. Sobald die respiratorische Fläche kleiner wird, muss entsprechend die Blutmenge grösser werden, welche in der Zeiteinheit die gesund funktionierenden Teile der Lunge passiert, wenn unter sonst gleichen Umständen der gleiche Effekt erzielt werden soll. Wenn also, wie das schon längst aufgefallen ist, auch ein schwer tuberkulös Lungenkranker, bei welchem die respiratorische Fläche um sehr viel vermindert erscheint, bei Vermeidung gröberer Muskelarbeit keinerlei Atemnot bekommt, so beruht das m. E. weniger auf einer allmählichen Gewöhnung an verminderte Sauerstoffzufuhr als vielmehr auf einer fast unmerklich entwickelten Kompensationsarbeit des Herzens. Wenn der gleiche Vorgang bei diffuser chronischer Broncheolitis in derselben Wirksamkeit vermisst wird, so liegt das an der durch die viel grössere Ausdehnung des Processes unverhältnismässig gesteigerten Herzarbeit und dem viel grösseren Widerstande, welchen die Blutcirculation in den ausserordentlich überfüllten und erweiterten Gefässen erfährt.

So wie der nicht leistungsfähige Herzmuskel erst Ruhe beansprucht, bedarf der noch und wieder leistungsfähige zur Erhaltung und Besserung dieser Leistungsfähigkeit einiger Übung. Beides wird demselben bei zweckmässiger, umsichtiger Behandlung der Lungentuberkulose zu teil (S. 56).

1. Störungen der Herzthätigkeit ohne gröbere Veränderungen des Herzens.

Herzklopfen, leichte zeitweise Irregularität sind häufige Erscheinungen, namentlich im Beginne der Lungenerkrankung, welche meistens beim Ruhen nach grösserer Mahlzeit und Nachts im Bette auftreten. Selten wird man bei diesen Kranken auch sonstige, wenn auch geringe Zeichen von Neurasthenie vermissen. Durch kurze Spaziergänge, falls möglich, direkt nach den Mahlzeiten vor Aufnahme der

Liegekur, auch durch Applikation kalter Kompressen auf die Herzgegend oder endlich auch Darreichung von Tinct. valeriana für die Nacht oder auch ein paarmal des Tages (je 25—30 Tropfen) verschwinden diese leichten Unannehmlichkeiten bald.

Beschwerden derselben Art finden sich weiterhin bei Chlorotischen und Anämischen, überhaupt bei gröberen Ernährungsstörungen. Sie bessern sich und verschwinden, entsprechend der Besserung der sie verursachenden Störungen.

Sehr lästig sind, vom Patienten ähnlich wie die vorhergehenden empfundene, Veränderungen der Herzarbeit bei direkt dem Herzen benachbarten tuberkulösen und entzündlichen Vorgängen in der Lunge. Eisblase, Tinctura Valeriana, Tinct. Strophanthi und dergl. sind die nicht sehr wirksamen Mittel, mit welchen man Besserung der Beschwerden versuchen kann. Leidet der Kranke thatsächlich unter der erheblichen, oft auch unregelmässigen Herzfrequenz, so verschafft man ihm grosse Erleichterung durch geringe Dosen eines Narkoticum. Man wird auf den Nachlass der Erscheinungen hoffen können bei Rückgang der nachbarlichen Reizzustände.

Noch gröber kann die Alteration der Herzthätigkeit werden bei Verwachsungen des parietalen Pericards mit schrumpfenden, bindegewebigen Strängen in der Lunge und der Pleura. Das Herz wird im Laufe von einigen Monaten oft erstaunlich weit verlagert. Bei grosser, rechtsseitiger, schrumpfender Caverne z. B. ist es nicht so selten, den Herzshock und die Dämpfung soweit nach rechts wandern zu sehen, dass der stärkste Herzstoss ein paar Querfinger rechts vom Sternalrande liegt, während links vom Sternum wenig oder gar keine Pulsation und keine Herzdämpfung gefunden werden. Die stärkste von uns beobachtete Verschiebung zeigte ein junges Mädchen, deren vorher enorme, später stark schrumpfende, rechtsseitige Oberlappencaverne das Herz im Laufe eines Jahres unter Drehung der Spitze soweit nach rechts verzog, dass der stärkste Herzstoss ungefähr ebensoweit vom rechten wie sonst vom linken Sternalrande abgerückt, nur ein paar Intercostalräume höher, lag.

Bei der Verrückung des Herzstosses bis zwischen die Axillarlinien oder bis in die hintere Axillarlinie durch Schrumpfungen nach linksseitigen Pleuritiden, besonders durch starkes Rétrécissement nach Empyemen, scheint uns nur zum einen Teil ein fibröser Zug die Ursache der Verschiebung zu sein, zum andern kommt gewiss in Betracht die Schrumpfung des Thoraxraumes, in welchem nunmehr das gleichgrosse Herz einen relativ grösseren Platz beansprucht.

Auch bei sehr ausgiebigen Lageveränderungen des Herzens haben wir ernste oder gar bedrohliche Störungen niemals gesehen. Wenn nötig, wird man symptomatisch, wie oben gesagt, behandeln.

Dass schliesslich Herzstörungen infolge Erschöpfung des Kranken auftreten, bedarf keiner weiteren Betonung.

2. Herzklappenfehler und Myocarditis.

Die Behandlung der bei Lungentuberkulose nicht häufigen Herzklappenfehler und der Myocarditis deckt sich, abgesehen von der Medikation, so gut mit der allgemeinen für Lungentuberkulose skizzierten, dass nichts von grösserer Bedeutung angefügt werden müsste. Die Behandlung der Kompensationsstörung ist bekannt, ihre grosse Wichtigkeit bei Lungenblutungen wurde schon früher genügend betont.

Die Erfahrung zeigt, dass sich die gewöhnlichen Herzklappenfehler im allgemeinen recht gut mit der Lungentuberkulose vertragen, keine der beiden Krankheiten, sehr schwere Störungen ausgenommen, scheint die Prognose der andern wesentlich zu trüben. Bei Myocarditis tritt wohl die Tuberkulose völlig in den Hintergrund der klinischen Erscheinungen.

Die allgemeine Arteriosklerose scheint keine bedeutende Rolle im Verlaufe der Tuberkulose zu spielen. Der grösste Teil der an Tuberkulose Leidenden steht ja doch in einem Alter, welches nicht gerade oft an Arteriosklerose schon zu leiden hat. Bei Lungenblutungen kann allerdings die mangelnde Elasticität der Gefässwände ungünstig wirken.

3. Pericarditis.

Reizzustände am parietalen Blatte oder innerhalb des Herzbeutels selbst sind wohl nichts Ungewöhnliches bei benachbarten langdauernden entzündlichen Vorgängen; manche bestimmt in der Herzgegend lokalisierte stechende Schmerzen und Irregularitäten der Herzaktion können darin ihren Grund haben, manche schliesslich gefundene Verklebungen und Verwachsungen rühren davon her. Leichte, aber nicht für Pericarditis charakteristische Reibegeräusche in der Herzgegend kann man gewiss da und dort bei Erkrankungen des linken Oberlappens nachweisen, allein eine klinisch diagnosticierbare Pericarditis ist es wohl selten. Die Diagnose einer tuberkulösen Erkrankung des Peri- oder gar Endocards wird nur den Wert einer Vermutung haben.

C. Verdauungssystem.

1. Mundhöhle.

Von Mund- und Zahnpflege wurde schon früher gesprochen. Tuberkulöse Erkrankungen an Zunge, Wangenschleimhaut und hartem Gaumen scheinen ausserordentlich selten zu sein. Weniger selten sind tuberkulöse Veränderungen der 3 Tonsillen. Von Lupus des weichen Gaumens und der hinteren Rachenwand mit teilweiser Verlötung dieser beiden Partien finden sich in der Litteratur nur vereinzelte Fälle. Hingegen ist bei sehr schweren und terminalen Lungen- und Kehlkopftuberkulosen die Tuberkulose der Gaumenbögen, des weichen Gaumens, der Tonsillen und des Rachens öfter beobachtet worden. Einen Fall von isolierter ulcerierender Tuberkulose des weichen Gaumens ohne irgendwelche sonstige klinische Erscheinungen von Tuberkulose habe ich bislang in der Litteratur nicht gefunden. Ich hatte Gelegenheit, vor mehreren Monaten einen solchen Kranken zu operieren, bei welchem durch wiederholte sehr energische aber erfolglose antiluetische Behandlung und durch die mikroskopische Untersuchung des Exstirpierten die Diagnose der Tuberkulose sicher gestellt war. Der Kranke ist bis jetzt geheilt geblieben. Die Prognose dieses Falles möchte ich z. Z. nicht zu stellen wagen; die im Anschluss an schwere Lungen- und Kehlkopftuberkulose auftretende Tuberkulose der Weichteile des ganzen Isthmus faucium ist trostlos in ihren Aussichten und äusserst quälend in ihrem oft zu langen Verlaufe. Die Leiden der Kranken, besonders beim Versuch zu schlucken, sind so grässlich, dass man, solange man noch mildern und zeitweise bessern kann, alles versuchen sollte. Bei Zeiten, bevor also der Patient zu elend geworden ist, nehme man

Messer, Scheere und Pincette und räume energisch aus. Der Effekt ist, wenn auch nur ein temporärer, so doch ein sehr befriedigender. Kaustik möchte ich bei solchen Gelegenheiten nicht empfehlen. Wenn Geschwüre vorhanden sind, bringt starke Milchsäure entschieden Erleichterung.

2. Speiseröhre.

Von Erkrankungen der Speiseröhre kommen als seltene Komplikationen der Lungen-Tuberkulose wohl nur die Stenosen aus irgendwelchen Gründen in Betracht. Ich verweise auf die einschlägigen Lehrbücher.

3. Magen.

Bei der fundamentalen Bedeutung des Magens und des Darmes für die Behandlung und Prognose der Tuberkulose überhaupt und der der Atmungswege im besonderen gereicht es zu grosser Genugthuung, dass ernstere Störungen des Magens selten, des Darmkanals nicht häufig sind. Glücklicherweise haben wir es hier mit leistungsfähigen Organen zu thun, deren Arbeit in fast allen Fällen gesteigert werden kann. Sogenannte „geringe“, „schlechte Esser“ nehmen zu wenig Nahrung zu sich seltener wegen Störungen in den Verdauungsapparaten als wegen andrer Erkrankungen des Körpers.

Über Ernährung, Appetit u. s. w., s. S. 59ff. Die Atonie des Magens mit daraus folgender funktioneller Ektasie wird zweifellos viel zu oft angenommen. Am häufigsten findet man sie bei Bier-Potatoren. Die Behandlung besteht darin, dass man dem Kranken jede Flüssigkeitszufuhr auf ein Minimum beschränkt und auch durch kompakte Nahrung den Magen nicht übermässig belastet. Bei gröberen Erscheinungen wird man anfangs den Magen täglich mit der

Sonde entleeren und mit wenig Flüssigkeit durchspülen. Diese Ausheberung ist aber zwecklos, solange der Kranke hinter dem Rücken des Arztes den Magen wieder mit Flüssigkeiten überfüllt. Bei einiger Folgsamkeit des Patienten wird die Störung bald behoben sein.

Auch die nervöse Dyspepsie wird viel zu häufig diagnosticiert. Erhöhte Temperatur und toxische Erscheinungen, Anämie, reichliches Verschlucken von eitrigem und foetidem Auswurfe, starke Erschütterungen des Magens durch den Husten, starke chronische Rachenkatarrhe mit zähem, schwer abzulösendem Sekret, Störungen im Bereich des Darmes und des ganzen Bauches (Enteroptosen z. B.) genügen zur Herbeiführung von Appetitlosigkeit und Erbrechen. Endlich achte man auch darauf, ob nicht der Magen beim Liegen auf dem Liegestuhl durch die Kleidung zu sehr gedrückt wird. Wo thatsächlich rein nervöse Störungen vorliegen, werden sie sich zugleich mit dem allgemeinen Nervenzustande bessern. Man kann zweckmässig Bitterstoffe, Tinctura valeriana und dergl. darreichen unter vorübergehender Minderbelastung des Magens. Namentlich bei nervösem Erbrechen ist es von grossem Vorteil, ein paar Tage lang nur ganz kleine Mengen fester Nahrung zuzuführen; endlich werden schon eine gründliche Untersuchung des Magens mit Sonde und einige Spülungen den Kranken sehr beruhigen und bessern.

Akute Gastritiden machen keine besondere Schwierigkeiten, wohl aber chronische Katarrhe und Ulcus rotundum. Alle drei Krankheiten sind nicht häufig, recht selten sogar scheint Ulcus unterzulaufen. Gelingt es nicht, die beiden letztgenannten Affektionen zu beseitigen oder wenigstens bis zur Aufnahmemöglichkeit genügender Nahrung zu bessern, so wird die Prognose der Tuberkulose begreiflicherweise sehr verschlechtert, ja ein guter Erfolg ganz in Frage gestellt.

Bei der Behandlung dreht sich demnach alles darum, vorerst diese Störungen des Magens zu heben oder zu bessern. Wohl wird man bei Verabreichung der entsprechenden Diät auf grossen Nährwert derselben sehen, allein wo erforderlich, schrecke man nicht zurück, die Magenbehandlung auf Kosten des allgemeinen Ernährungszustandes in konsequenter Weise zu handhaben. Bei einer Patientin mit Ulcus ventriculi waren wir der grossen Schmerzen halber gezwungen, zwei Wochen hindurch überhaupt nichts per os einzuverleiben, wir behalfen uns mit Nährklystieren. In dieser Zeit nahm die Kranke an 20 Pfund ab, holte aber später das Versäumte wieder nach, ohne einen bemerkbaren Schaden bezüglich ihrer nicht leichten Lungentuberkulose zu erleiden. Des Genaueren die Behandlungsmethoden auseinanderzusetzen muss hier unterbleiben.

4. Darm.

Sämtliche, auch die leichteren Störungen des Darmkanals sind sorgfältig zu beachten. Zu einer zweckmässigen Behandlung ist es aber nötig, sich durch Anamnese und Untersuchung selbst das richtige Bild zu machen, also nicht, wie das leider noch üblich scheint, vom Patienten die Diagnose stellen und das Medikament bestimmen zu lassen.

Bei akuten Darmkatarrhen ist es das Beste, den Kranken gleich ins Bett zu legen, zum mindesten den weniger kräftigen. Man mache warme Überschläge über den Leib, setze den Kranken auf die nötige Diät, wobei Schleimsuppen, Breie die Hauptrolle spielen; unvermischte, besonders fette Milch ist zu widerraten, ebenso andre Fette. Von Medikamenten ist nach unsrer Erfahrung das allerbeste

Bismuthum salicylicum, aber in grossen Dosen, z. B. als Schüttelmixtur[1]), es lässt wohl kaum jemals im Stich. Zweckdienlich ist es auch, einen Tag vor Verabreichung des Wismuth ein paar Calomeldosen vorauszuschicken (Mgs. u. Abds. je 0,1 oder 3 mal je 0,05).

Eine grössere Bedeutung als der akuten Enteritis kommt dem chronischen Dickdarmkatarrh zu. Wer keine genaue Anamnese aufnimmt und Percussion und Palpation des Abdomens und Inspektion der Entleerungen unterlässt, kann — entsprechend der vom Patienten meistens auf „Diarrhöe" gestellten Diagnose — seinen ganzen Schatz an Adstringentien und Narkoticis erschöpfen ohne nennenswerten Erfolg. Der Kranke aber kommt bei diesem Regime unter möglichst schonender Diät in seiner Ernährung immermehr zurück; es fehlt ihm jeglicher Appetit. Endlich beruhigt sich der Arzt mit der Diagnose Darmtuberkulose. Das Primäre des chronischen Dickdarmkatarrhs ist die habituelle Konstipation. Es fällt nicht schwer, dies auch dem Laien begreiflich zu machen und ihn zu veranlassen, gegen seine stercorale Diarrhoe mit Ricinusöl zu arbeiten statt mit Opium.

Unter andern Abführmitteln (Bittersalzen u. s. w.) ist hier entschieden Ol. Ricini das beste. Man gebe von den im Handel befindlichen Kapseln „à 1 Theelöffel" für ein paar Wochen jeden Morgen vor dem Frühstück je 2 und setze nicht aus, wenn auch die ersten 3—4 Tage die diarrhoischen Stuhlentleerungen reichlicher werden. Hat endlich unter der Ricinusdarreichung der Stuhl die gewünschte Konsistenz und Regelmässigkeit erreicht, dann gehe man allmählich mit den Dosen des Öles zurück, gebe täglich nur eine Kapsel, später jeden 2., 3., 4. Tag nur 1 Kapsel. Zu einer Konstipation soll es der Kranke künftig nicht mehr kommen lassen. — Recht nützlich ist es, dem Ricinusöl ein oder zwei Klysmata mit etwas Salz- oder Seifenwasser vorauszuschicken, um erst die Ampulle zu entleeren.

---

[1]) Rp. Bismuthi salicylici 8,0; Glycerini 20,0; Aq. dest. 100,0; oder besser gleich die doppelte Menge des Gemisches. D. S. 2, bei Besserung 3stündlich 1 Esslöffel. Umschütteln.

Besteht ein Katarrh des Colon schon längere Zeit, so vermisst man selten schleimige Fetzen von ziemlicher Grösse; da und dort ist dem Stuhle etwas Blut beigemengt. Zumeist besteht unter solchen Verhältnissen ein lästiger Stuhlzwang; der Kranke kommt nie zu dem Gefühle der Befriedigung und wenn er noch so oft des Tages unter Schmerzen zu Stuhl geht. Er entleert ein kleines Kybalon und eine wässerige dunkelbraune Brühe. Bei solchen Reizerscheinungen sind tägliche hohe Einläufe in den Darm als Reinigungsklystier mit nachfolgendem Stärkeklystier am meisten zu empfehlen.

Damit das Stärkeklystier möglichst lange oder ganz behalten wird, nimmt man anfangs die Menge sehr gering und gibt jedesmal ca. 15 Tr. Tct. opii zu. Wenn der gewünschte Erfolg nach einiger Zeit erreicht ist, appliciert man die Einläufe seltener und hört allmählich ganz auf.

Manchmal ist der Reizzustand am Sphinkter so gross, dass Klystiere nur nach vorheriger Applikation von Cocainstuhlzäpfchen oder garnicht mehr verabreicht werden können. Der ganze Dickdarm scheint in Aufruhr zu sein. An Stelle der zweckmässigen Peristaltik treten sehr schmerzhafte circumscripte, für die Fortbewegung des Darminhaltes ganz unnütze krampfhafte Kontraktionen. Entleert wird überhaupt nichts mehr. In solchen, doch recht vereinzelten Fällen lege man den Kranken ins Bett, stehe völlig ab von Einläufen und Purgativen, mache Breiaufschläge und gebe vor allen Dingen ziemlich grosse Dosen Opium. Zugleich wird natürlich blande Diät verordnet.

Am ersten und zweiten Tage möge man 3 mal 20 oder 4 mal 15 Tropfen Tct. opii geben. Allmählich vermindert man die Dosis, falls die krampfhaften Schmerzen völlig verschwunden sind. Opium wirkt hier als förmliches Abführmittel, da es unter Verhinderung der spastischen Erscheinung wieder eine geregelte Peristaltik ermöglicht.

Nach dem eben Entwickelten ist es selbstverständlich,

dass man Kotstauungen überhaupt nicht zustande kommen lässt. Solange die Kranken fast den ganzen Tag liegen und sich ruhig halten müssen, gibt es gewöhnlich leichte Konstipation. Diese leichten Störungen sollen nicht vernachlässigt werden; die Kost sei nicht zu weichlich; man gebe rohes und gekochtes Obst, Salate, Kompot (Rhabarber), rauhes Brot (Graham), lasse Kranke, deren Rachen und Kehlkopf es erlaubt, ein bis zwei Zigarren täglich rauchen, vermeide Kakao, Rotwein, verordne schonend abführende Substanzen. Von vorzüglicher Wirkung ist Massage, die aber vom Arzt selbst ausgeführt werden sollte. Die für den Masseur sehr ermüdende manuelle Massage kann ersetzt werden durch die mechanische Arbeit des „Tremolo", der sehr bequem durch Elektromotor angetrieben wird.

Endlich sei auf die manchmal erheblichen Störungen hingewiesen, welche durch Parasiten des Darmes hervorgerufen werden.

Die Tuberkulose des Darmes findet man bei Sektionen tuberkulöser Lungenkranker recht häufig, jedenfalls viel häufiger, als sie klinisch in die Erscheinung tritt. Praktisch geht es garnicht an, bei länger dauernden Darmstörungen aus der Möglichkeit der Darmtuberkulose gleich eine feste Diagnose zu machen. Leichtere Formen der Darmtuberkulose, auch kleine Geschwüre, wie sie die Autopsie zeigt, sind sehr häufig symptomlos vorlaufen, die Symptome aber der gröberen und ausgedehnten tuberkulösen Veränderungen, chronische Dünn- und Dickdarmkatarrhe, weichen nicht selten einer zweckmässigen Behandlung so vollständig, dass man entweder eine Heilung der Tuberkulose oder eine falsche Diagnose annehmen zu müssen glaubt. Nun sieht man ebenfalls bei Sektionen zweifellose sogar grössere tuberkulöse Darmgeschwüre geheilt, vernarbt; allein die darauf gesetzten klinischen Hoffnungen dürften bei einigermassen entwickelter Darmtuberkulose wohl meistens zu schanden werden. Auf ein Beschränktbleiben einzelner oder auch mehrerer Herde, glaube ich, wird man hoffen dürfen. So viel ist sicher, dass sich eine Darmtuberkulose, welche nicht mit profusen Diarrhöen einhergeht, ausserordentlich lange mit dem Leben verträgt. Man wird also die Möglichkeit einer Darmtuberkulose bei entsprechenden chronischen Störungen immer vermuten können, man wird eine sichere klinische Diagnose aber erst bei schlechtem Verlaufe machen oder dann, wenn Veränderungen auftreten, welche der physikalischen Untersuchung, namentlich der Palpation, zugänglich sind (Coecum). Der Befund von Tuberkelbacillen im Kot ist wertlos, solange die Möglichkeit verschluckten tuberkulösen Auswurfs nicht ausgeschlossen werden kann.

Die Behandlung jedenfalls hat so zu geschehen, als sei die vermutete Tuberkulose heilbar. Nicht die Tuberkulose als solche wird ja behandelt, sondern die katarrhalisch-entzündlichen Folgezustände derselben. Gerade bei den die Kranken so schwächenden und entmutigenden Diarrhöen sei die obige Darreichungsform von Wismuth dringend empfohlen. Als sehr wertvolles Mittel aber hat sich uns gerade hierbei das Dermatol (Bismuthum basicum gallicum) bewährt. Man gibt das Dermatol in Pulvern à 1,0 vier bis sechs Mal täglich. Es wird wochenlang ohne jede Beschwerde vertragen. Tritt normaler Stuhl auf, so gehe man allmählich mit den Dosen zurück. Weiterhin ist noch zu empfehlen β-Naphtholum benzoicum (mehrmals täglich 0,5) und auch ein Decoct von Lichen islandicus ($4,_0$—$6,_0$: 150—180) mit etwas Syrup und eventuell etwas Opiumtinktur; auch Kreosotpräparate erweisen sich sehr nützlich, namentlich bei lästigen Gasentwicklungen. Symptomatisch wirkt gegen Blähungen eine

Mischung von Carbo ligni pulv. und Magnesia usta. Selbstverständlich kann man bei schweren Störungen, besonders bei heftigen Schmerzen der Opiumpräparate nicht entraten, obschon man häufig ohne dieselben auskommt. Entsprechende Nahrung ist erforderlich, doch braucht man nicht gerade sehr ängstlich bei der Auswahl zu verfahren. Zugleich mit der Nahrung kann man zweckmässig die Darreichung von Heidelbeerdecoct, getrockneten Heidelbeeren und ohne Zucker eingekochten Heidelbeeren verbinden. Manche empfehlen auch Heidelbeerwein.

Schliesslich sei noch die tuberkulöse Periproktitis erwähnt, die gewöhnlich als Abscess auftritt, um nach spontaner oder chirurgischer Eröffnung des Abscesses ihre Produkte durch eine dauernde Fistel nach aussen zu entleeren. Bei kräftigen Kranken mit geringen Erscheinungen an der Lunge wird man den Herd operativ radikal zu beseitigen suchen. Die Heilung ist meistens eine dauernde. Schwächere, besonders schwer Lungenkranke, wird man mit solchen Eingriffen verschonen. Zweimal haben wir im Anschluss an Operation der Fistel exsudative Pleuritis entstehen sehen.

Besonders häufig sind die Analfisteln nicht; manchmal sind sie es jedoch, die dem Manifestwerden einer Lungentuberkulose vorausgehen.

Ich füge hier noch an, dass ich vor kurzem eine tuberkulöse Meningitis eines 8 Monate alten Knaben gesehen habe, welcher schon ein paar Monate an einer tuberkulösen grossen Analfistel mit ziemlich reichlicher Sekretion gelitten hatte. Ich weiss nicht, wie häufig Kinder daran erkranken, ich selbst habe bei so jugendlichem Alter sonst noch keine Analfistel beobachtet.

5. Peritoneum.

Von Bauchfellerkrankungen interessieren uns hauptsächlich die Perforations-Peritonitis und die Tuberkulose des Peritoneum.

Bei einer Perityphlitis, der häufigsten Form der Perforations-Peritonitis, stehen wir nicht auf dem Standpunkte jener Chirurgen, die so rasch wie möglich zum Messer greifen. Die ausgezeichneten Resultate der kurz so genannten Opiumbehandlung berechtigen den Versuch, eine Operation besonders bei unseren Kranken zu vermeiden. Eine genaue Untersuchung und scharfe Beobachtung von Temperatur und Puls durch einen geübten Arzt waren bisher schon imstande, eine Abscedierung zeitig genug für den Chirurgen zu erkennen; zudem besitzen wir nunmehr noch in der Blutuntersuchung (Quincke) offenbar ein sehr gutes und zuverlässiges Reagens.

Hat nun vollends ein tuberkulöses Ulcus zur Perityphlitis Veranlassung gegeben, so ist ein allenfalls nötiger chirurgischer Eingriff von unangenehmen Folgen. Die unmittelbare Gefahr ist beseitigt, aber die Eiterung hält an, die Wunde kommt wohl nie zum Schluss und wird häufig zur Kotfistel. Die Prognose ist ungünstig. Ob es gerade ein tuberkulöses Geschwür war, welches perforierte, ist von vornherein nicht leicht zu entscheiden. Man wird zu dieser Annahme neigen, wenn der Kranke an ziemlich ausgedehnter Lungentuberkulose leidet, wenn er vielleicht schon auf Tuberkulose verdächtige Darmstörungen hatte, wenn vor jener Peritonitis am Coecum durch die Palpation leicht empfindliche Verdickungen, wenn auffallende Drüsenschwellungen oder vollends Netztumoren gefunden wurden, wenn endlich die akute Attaque — bei meist längst bestehenden Verklebungen — nicht mit der gewohnten Heftigkeit einer Perforation verläuft.

Die allgemeine Tuberkulose des Bauchfells tritt nach unserer Erfahrung nur ganz vereinzelt auf. Die recht günstige

Auffassung der operativen Behandlung solcher Peritonitiden hat, soweit wir wissen, an Optimismus kaum mit Unrecht verloren.

D. Harn- und Geschlechtsorgane.

Ein paar Unannehmlichkeiten von seiten der weiblichen Harn- und Geschlechtswege wurden schon auf S. 78 erwähnt.

1. Harnorgane.

Man sollte erwarten, dass die in den Nieren am ehesten nachweisbare amyloide Degeneration infolge chronischer Eiterungen recht oft, besonders bei unseren Schwerkranken, zu beobachten sei, das trifft aber für unser Material nicht zu; vielmehr lassen sich im Urin meistens gar keine Abnormitäten feststellen, welche in gedachter Richtung zu verwerten wären.

Die als prognostisch sehr ungünstig bezeichnete Diazo-Reaktion des Harns hat u. E. einen viel geringeren Wert, als ihr von mancher Seite beigemessen wurde. Während sie bei vorübergehend schweren Störungen oft erscheint, um wieder zu verschwinden, tritt sie andrerseits häufig viel später auf als andere einen üblen Ausgang anzeigende Symptome und lässt endlich sogar in ganz schlechten Fällen mit zweifellos infauster Prognose manchmal an Deutlichkeit sehr zu wünschen übrig.

Abgesehen von Fieber-Albuminurien sind sämtliche Erkrankungen der Niere kein häufiges Vorkommnis. Ihre Behandlung lässt sich übrigens sehr gut mit der Behandlung der Tuberkulose der Atmungswege vereinbaren; ich erinnere nur an Ruhe und Milchdiät.

Akute Nephritis und schwere chronische Nierenstörungen

haben ihre eigne Prognose für sich, Erkrankungen leichterer Form beeinflussen die Prognose der Lungentuberkulose nicht wesentlich. Die Tuberkulose der Nieren oder des ganzen Harnsystems ist von sehr trüber Bedeutung; jedoch macht sie im allgemeinen für lange Zeit dem Kranken gar keine oder geringe Beschwerden. Bisweilen sind allerdings so heftige Schmerzen vorhanden, wie sie sonst nur durch Nierensteine verursacht sind. Bei Blasentuberkulose ist schliesslich das Unvermögen, den Urin nennenswerte Zeit zu halten, recht peinlich. Die Therapie ist als ziemlich machtlos zu bezeichnen.

2. Geschlechtsorgane.

Man sagt den Tuberkulösen nach, sie seien besonders bedürftig, sich geschlechtlich zu bethätigen, und manche haben auch rasch den schönen teleologischen Grund zur Hand, die Natur suche die minderwertige Qualität der Erzeugnisse durch Quantität der Erzeugten auszugleichen. Es liegt mir fern, hier irgend etwas entscheiden zu wollen, ich möchte nur folgendes zu bedenken geben: Ist die thatsächlich oft beobachtete Geilheit, um es kurz zu sagen, immer eine Folge der Tuberkulose, kann sie nicht auch in ihrer entsprechenden Befriedigung vor der Erkrankung zu Gunsten der Entwicklung der Tuberkulose die Resistenz des Individuums untergraben haben? Wird sie nach offenkundiger Erkrankung dem betreffenden Menschen weniger anhaften als vorher? Ist endlich das ruhige, ziemlich beschäftigungslose Leben eines Erkrankten bei vorzüglicher Ernährung und Liegekur nicht ein Faktor, der in gedachtem Sinne auch beim Gesunden wirken würde?

a) Männer. Die bei manchen Kranken störend häufigen Pollutiones nocturnae sind soweit leicht zu beseitigen, als sie, wie leider ziemlich häufig, ihren Grund in mangelhafter Reinlichkeit haben. Man ermahnt den Kranken, die selbstverständliche Reinigung des ganzen Praeputialsackes mit Seife und Wasser tagtäglich vorzunehmen, kalte Übergiessungen des Gliedes ein paarmal täglich zu machen, jedoch nicht vor dem Schlafengehen, nicht zu weiche und warme Betten zu wählen, die Blase abends genügend zu entleeren und nicht zu viel Flüssigkeit vor Nacht zu sich zu nehmen, endlich für reichliche Entleerung des Darmes zu sorgen. Manchmal leistet auch Lupulin oder Camphora monobromata gute Dienste namentlich im Zusammenhang mit der Beruhigung des Kranken über die geringe Bedeutung der ganzen Sache. Manchmal sind die versuchten Massregeln ergebnislos, aber die Pollutionen verschwinden für einige Wochen von selbst, nachdem sie ein paar Tage hintereinander aufgetreten waren.

Für gonorrhoische Erkrankungen passt die Ruhe des Anstaltslebens vorzüglich.

Der Tuberkulose des Genitalapparates, die nur mässig oft beobachtet wird, ist therapeutisch schwerlich beizukommen. Die Nebenhoden und Hoden kann man zwar exstirpieren, doch sind gerade die Chirurgen sehr für konservatives Verfahren. Man hilft sich mit Suspensorien, bei zeitweisen Schmerzen macht man warme Umschläge, sich bildende Abscesse werden incidiert. In der That macht diese Tuberkulose selten erhebliche Beschwerden und bleibt gewöhnlich so gut in sich abgeschlossen, dass sie die allgemeine Prognose nur selten trüben dürfte.

b) Frauen. Während bei manchen Frauen und Mädchen die Menstruation im Verlaufe der Lungenerkrankung oft nur in längeren Pausen eintritt, ja manchmal sogar für Monate ausbleibt, tritt sie bei andern wieder ausserordentlich häufig und sehr heftig auf. Das erstere trifft zu besonders für

Schwerkranke, deren Ernährungszustand erheblich gelitten hat, und gerade auch für ganz junge Mädchen, deren Periode vor noch nicht langer Zeit überhaupt erst eingesetzt hat. Das letztere gilt, abgesehen von lokalen Erkrankungen, oft namentlich für chlorotische und anämische Personen. Es ist klar, dass diese Unterscheidung keine fixe Regel ist. Die erstgenannte Störung ist, Schwangerschaft ausgenommen, im Grunde gleichgiltig; besondere Alterationen des Allgemeinbefindens sind gewöhnlich nicht vorhanden, oder werden sehr häufig durch die Versicherung behoben, dass die ganze Erscheinung bedeutungslos ist. Als Mittel, welche eine profuse und zu häufige Menstruation sehr gut auf das richtige Mass zurückzuführen imstande sind, seien, ausser Ruhe, empfohlen Stypticin (in Tabletten à 0,05 dreimal täglich 2 Stück) und Hydrastinin (in Perlen à 0,025 drei bis viermal täglich 2 Stück). Sehr nützlich ist es, etwa 8 Tage vor dem wahrscheinlichen Einsetzen der nächsten Menses mit dieser Behandlung in etwas kleineren Dosen zu beginnen. Frauen, die stark menstruieren, oder schwächliche Personen, oder solche, die von jeher an Bettruhe während der Periode gewöhnt sind oder erhebliche Schmerzen leiden, sollen wenigstens die ersten paar Tage im Bette zubringen. Gegen die Schmerzen wendet man sehr warme Kompressen an und Salipyrin (zwei bis dreimal täglich 1,0).

Die Schwangerschaft ist eine recht unerquickliche Komplikation der Tuberkulose. Vor der Geburt geht alles gut, ja sogar sehr gut, aber aus dem Wochenbett kommt gar manche Frau nicht mehr lebend heraus und andre erleben einen energischen Vorschub der Tuberkulose. Jung verheiratete Frauen stellen ein grosses Kontingent zu den Anstaltskranken.

Es ist bei der Behandlung zu entscheiden, ob eine bestehende Gravidität unterbrochen werden soll oder nicht. Wenn die Mutter so schwerkrank ist, dass sie auch ohne Wochenbett verloren scheint, dann wird man ja freilich ohne weiteres zu Gunsten des Kindes entscheiden; sehr kräftige Frauen mit äusserst geringem pathologischen Lungenbefunde ohne jedes Zeichen einer aktiven Ausbreitung wird man ebenfalls austragen lassen, ohne zu viel zu wagen. Allein zwischen diesen beiden Extremen liegen die Schwierigkeiten des Entschlusses. Jedenfalls fälle man einen definitiven Entschluss nicht ohne Beiziehung eines anderen erfahrenen Arztes, um die Last der Verantwortung zu teilen. Nach unserer Erfahrung wird man folgendes zu erwägen haben. Ist die Prognose der mütterlichen Tuberkulose an und für sich trotz einer nicht unbeträchtlichen Ausbreitung günstig zu stellen, würde aber eine im Wochenbett zu erwartende Weiterausdehnung zu ernsten Besorgnissen für die Mutter Veranlassung geben, oder ist eine räumlich geringfügige aber aktive Tuberkulose vorhanden, oder ist eine aktiv gewesene Tuberkulose bis zum Bemerkbarwerden der Gravidität nur mit Mühe in langer Zeit zum Stillstande gekommen, so dass endlich die vorher erhöhten Temperaturen normal geworden sind und die Kranke nach Lungenbefund und Allgemeinzustand sich eben vielversprechend erholt, so soll das Kind unbedenklich so bald wie möglich geopfert werden, falls sich dieser Eingriff als künstlicher Abort darstellt. Ist der Eingriff jedoch als Frühgeburt zu bezeichnen, so dass immerhin ein Wochenbett zu erwarten steht, dann möge man sich wohl überlegen, ob nicht die Mutter sich in ein paar weiteren Monaten so viel mehr erholt hat, dass sie dieses spätere Wochenbett auch viel besser überstehen würde. Bejahenden Falles ein Vorteil für Mutter und Kind. Kommt in andern Fällen die Kranke zur Beobachtung erst wenige

Wochen vor dem normalen Ende der Schwangerschaft, dann ist die Entscheidung schon zu Gunsten des Kindes gefällt.

Bei all jenen Überlegungen aber gibt es noch einige Momente, welche den Entschluss erleichtern helfen. Waren beispielsweise vorausgegangene Geburten schwere, durch Kunsthilfe zu beendigende, hat sich die Mutter nur sehr langsam wieder erholt, vielleicht damals schon ein Weitergreifen der Tuberkulose erlitten, haben frühere Schwangerschaften ihr Ende vorzeitig durch Aborte, durch Frühgeburten lebensschwacher Kinder erreicht, sind ernstere uterine Blutungen schon während der Gravidität aufgetreten u. s. w., so sind das alles für die Unterbrechung der Schwangerschaft sprechende Dinge. Auch unerwachsene, der ferneren Fürsorge der Mutter bedürftige Kinder plaidieren dringend für möglichste Schonung der Kranken zu Ungunsten der Frucht. Zuletzt ist es allerdings noch der Wunsch und Entschluss der Mutter oder beider Eltern, welche eine Entscheidung des Arztes erleichtern oder erschweren oder umstossen.

Die Krankheiten des weiblichen Genitalapparates sind, falls man die Wahl des Zeitpunktes einer Behandlung frei hat, nur so weit zu berücksichtigen, als sie die wirksame Durchführung der Tuberkulosebehandlung beeinträchtigen, z. B. Störungen in der Ernährung verursachen. Die tuberkulösen Erkrankungen der Genitalsphäre sind einer chirurgischen Behandlung oft zugänglich (z. B. Salpingitiden), sie beeinflussen den Allgemeinzustand und die Körpertemperaturen vielmehr als beim Manne die Hodentuberkulose; ihre Prognose erscheint nicht günstig.

Die manchmal im Drüsengewebe der Mamma auftretenden Tuberkulosen bleiben gewöhnlich gut abgeschlossen, ihre Entfernung dürfte, wenn erforderlich, keine Schwierigkeiten bereiten.

Auch bei gesunden Drüsen aber verbiete man einer Kranken das Stillen des Kindes im Interesse Beider.

Hier sei eingefügt ein kurzer Hinweis auf den recht selten als Komplikation erscheinenden Morbus Addisonii, der auf eine Tuberkulose der Nebennieren zurückgeführt wird. Das Hauptsymptom ist eine, meist durch Diarrhöen noch verstärkte ausserordentliche Hinfälligkeit, welche in Kontrast steht zu dem Untersuchungsbefund. Eine Verfärbung der Haut scheint erst später aufzutreten. Die Prognose ist schlecht.

E. Nervensystem und Muskeln.

1. Funktionelle Störungen des Central-Nervensystems.

Im allgemeinen gilt der Tuberkulöse für einen sehr sanguinischen, hoffnungsfreudigen, ja leichtsinnigen Menschen. Ein weiteres Urteil geht dahin, der Tuberkulöse sei überhaupt psychisch nicht normal, unzurechnungsfähig, man spricht sogar von tuberkulös-toxischer Psyche. Man erwäge doch, ob nicht andre Kranke auch eine toxische oder eine Stoffwechsel-Psyche u. s. w. haben, und ob sie pessimistischer sind als der Tuberkulöse. Ich erinnere nur an Kranke mit Herzfehlern, mit chronischen Nierenleiden, an Diabetiker, Tabeskranke, an Syphilitische, sind sie nicht alle, trotz Krankheitsbewusstseins, ausgesprochen optimistisch, hoffnungsfreudig, leichtsinnig in höchstem Masse, so lange keine oder nur geringe Beschwerden die Krankheit begleiten; sind sie in ihrem Optimismus nicht alle sogar so elastisch, dass sie trotz vorübergehender gefährlicher und sehr peinvoller Attaquen die ganze Gefahr und alle Schmerzen recht bald wieder vergessen haben und von neuem Zuversicht schöpfen? Und wenn dann endlich die eben Genannten im grossen Elend ihres Leidens mit allen Erschöpfungsmerkmalen sitzen, funktioniert dann deren Psyche nicht auch weniger einwandsfrei als in gesunden Tagen, und erscheinen sie in ihrem wenig kritischen Gedankengange dann nicht minder zurechnungsfähig als im Vollbesitz der Gesundheit stehende Leute? Mich dünkt für seinen Sanguinismus hat der Tuberkulöse jedenfalls dieselbe Berechtigung wie die Andern. Denn gerade Schmerzen, Unwohlbefinden, Atembeschwerden und sonstige auffallende lästige Störungen, wonach die Menschen doch bei der Beurteilung ihrer Gesundheit und Krankheit sich richten, fehlen ja meistens beim Tuberkulösen, so lange die Erkrankung nur mässig entwickelt ist, und treten gerade bei ihm viel später auf als bei so manchen anderen chronischen Leiden. Leider; denn die günstigste Zeit der Behandlung würde nicht so oft versäumt, die Erziehung des Kranken wäre leichter und nachhaltiger, wenn die Krankheit mehr Lärm machte.

Nicht alle Tuberkulöse sind optimistisch. Es gibt recht viele Neurastheniker, Hysteriker unter ihnen. Ja auch Melancholiker finden sich. Die Melancholie ist eine sehr unerfreuliche Komplikation der Tuberkulose und verschlechtert die Prognose der letzteren auffallend. Auch schwerere Fälle von Hysterie sind recht ungünstig. Am meisten wird man noch erreichen, wenn man eine Anstalt ausfindig macht, wo auf beide Krankheiten fachkundig volle Rücksicht genommen werden kann. Leicht hysterische, neurasthenische Personen hingegen verschlechtern in der Regel die Aussichten ihrer tuberkulösen Erkrankung in keiner Weise.

Die Behandlung des Nervenzustandes geht bezüglich der Ernährung und der Ruhe im allgemeinen mit der Behandlung der Tuberkulose Hand in Hand. Bei den hydrotherapeutischen Massnahmen vergesse man nicht die Rücksicht auf die Lunge.

Noch sei erwähnt, daß die ziemlich häufige leichte, ja auch schwere Migräne sich bessert und meistens ganz verschwindet in dem Masse, in welchem die Besserung der Ernährung und des Allgemeinzustandes fortschreitet.

2) Gröbere anatomische Störungen im Gehirn und Rückenmark.

Die Tabes, welche zuweilen mit der Tuberkulose zusammen in Beobachtung kommt, zieht sehr grosse Vorteile aus der Behandlung der Tuberkulose. Ruhe und gute Ernährung mit angemessener Bewegung, welche zum Teil in die Form coordinatorischer Übungen gebracht wird, sind ja die hauptsächlichen Faktoren bei der Behandlung der tabischen Störungen. Die antisyphilitische Quecksilberschmierkur (Erb) kann aber für Tuberkulose recht unvorteilhaft werden. Deshalb möchten wir raten, jene Kur nur dann anzuwenden, wenn die tuberkulösen Erscheinungen nur geringe sind und keine merkbare Aktivität zeigen, und wenn andererseits die Tabes noch ziemlich frisch ist und rasch zu verlaufen scheint oder wenn noch tertiäre chronische Symptome (z. B. auf der Haut) sich zeigen.

Abscesse im Bereiche des Centralnervensystems nach tuberkulösen Ohreiterungen oder anderen cariösen Knochenerkrankungen sind alle nicht eben häufige chirurgische Komplikationen. Die relativ häufigste tuberkulöse Erkrankung des Nervensystems und seiner Häute ist die tuberkulöse Meningitis cerebralis. Die Behandlung derselben ist bislang aussichtslos. Die Lumbalpunktion bestätigt meist nur die Diagnose, die temporäre Druckmilderung ist, auch nach unseren Erfahrungen, ein belangloser Effekt.

3. Peripherische Nerven.

Für uns spielen die wichtigste Rolle die Neuralgien; sie werden in bekannter Weise behandelt; am besten wirkt die richtige Anwendung des galvanischen Stromes. Bei Intercostalneuralgien möchten wir vor allen andern Mitteln Injektionen von 3%iger Carbolsäurelösung raten; sie wirken viel besser und nachhaltiger als die äußerst schmerzhaften Injektionen von Antipyrin. Bei sehr hartnäckigen Neuralgien, die keinerlei Therapie weichen wollen, denke man an die Möglichkeit von Knochentuberkulose (z. B. bei Ischias). Von motorischen Nerven ist es der Facialis, der am leichtesten durch Caries des Felsenbeins in seiner Funktion beeinträchtigt und gelähmt wird.

Die unmittelbare Nachbarschaft zwischen Lungenspitze und Plexus cervicalis führt auf der Seite der kranken Lunge oft zu Reizzuständen im ganzen Arm, ja zu leichten Paresen. Da und dort ist sogar ein gewisses schmerzhaftes Müdigkeitsgefühl des betreffenden Armes, eines der allerersten Erscheinungen, welche dem Kranken auffallen. Die Störungen verschwinden wohl immer bald von selbst oder mildern sich wenigstens soweit, dass sie kaum mehr empfunden werden.

4. Muskeln.

Abgesehen von den seltenen tuberkulösen intra- und intermuskulären Abscessen kommen bei unseren Kranken Muskelstörungen fast nur in Form rheumatischer Erscheinungen zur Beobachtung. Es ist gewiss zweifellos, dass man nicht immer genau auseinanderhalten kann, ob Schmerzen in der Gegend der kranken Lunge, besonders über Spina, Clavicula und zwischen den Schulterblättern von Rippenfell, Mediastinaldrüsen oder Muskeln herrühren; merkwürdig ist es immerhin, dass von thatsächlichen Muskelstörungen bei einseitiger Lungentuberkulose allermeistens nur die kranke Seite befallen wird.

Die Behandlung dieser, wie gesagt oft zweifelhaften, Schmerzen beschränkt sich auf Einreibungen mit Chloroformöl, Camphor-, Ameisenspiritus u. dgl., Priessnitz'sche Aufschläge und heisse Kataplasmen sind sehr zu empfehlen; für reine Muskelrheumatismen ist wohl das wirksamste neben warmen Aufschlägen Salipyrin (3,0—4,0 täglich), Massage, bei kräftigeren Kranken Schwitzenlassen.

F. Sinnesorgane.

Am häufigsten erkrankt das Ohr an Tuberkulose, und zwar ist eine chronische Ohreiterung meistens vor dem Manifestwerden der Lungentuberkulose, sehr häufig in früher Kindheit aufgetreten.

Augenerkrankungen tuberkulöser Art scheinen sehr selten die Lungentuberkulose zu complicieren. Bei den sog. skrophulösen Augenkrankheiten, bei Erwachsenen nur selten, achte man vor allen Dingen auf chronische Katarrhe der Nase mit Krustenbildungen und auf Ekzeme am Naseneingang.

Im Übrigen sei auf die entsprechenden Lehrbücher verwiesen.

G. Knochen, Gelenke, Drüsen.

Gelenkrheumatismen beobachten wir nur selten. Die Freiluftruhekur wirkt nach abgelaufenen Polyarthritiden durchaus nicht schädlich, auch nicht im Winter, solange der Kranke die empfindlichen Gelenke warm hält und die Witterung trocken ist.

Die tuberkulösen Knochenerkrankungen fallen der chirurgischen Behandlung anheim. Zugängliche Drüsenpackete mögen entfernt werden, wenn sie beträchtliche Störungen verursachen und der Hebung des Allgemeinzustandes des Kranken im Wege stehen, und wenn andere therapeutische Versuche ohne Einfluss geblieben sind.

H. Haut.

Lupus und zweifellose Hauttuberkulosen beobachten wir nur ganz vereinzelt. Wo die radikale Entfernung der erkrankten Partie in Rücksicht auf Ausdehnung und Örtlichkeit möglich erscheint, soll sie ausgeführt werden. Über die Finsen-Licht-Behandlung haben wir keine eigenen Erfahrungen.

I. Constitutions-Krankheiten.

1. Anämie und Chlorose.

Es ist richtig, dass hinter einer Anämie oder Chlorose sich eine tuberkulöse Erkrankung oft versteckt; es ist aber nicht richtig, dass eine Lungentuberkulose anämische Störungen im Gefolge haben muss. Das trifft nur bei schon sehr weit vorgeschrittenen Tuberkulosen zu. Wo also bei einer als anfänglich oder leicht zu bezeichnenden Lungentuberkulose eine besondere Anämie nachweisbar ist, ist sie als Komplikation zu betrachten und entsprechend zu behandeln. Die Behandlung deckt sich mit der allgemeinen Behandlung der Tuberkulose, sie wird wesentlich unterstützt durch Darreichung von Arsen- und Eisenpräparaten.

Schwere Anämien verschlechtern natürlich die Aussichten einer Lungentuberkulose.

2. Diabetes mellitus.

Leichte Formen des Diabetes mit geringem Procentsatz an Zucker lassen sich in ziemlich kurzer Zeit günstig beeinflussen und beseitigen. Schwerere Formen jedoch sind eine sehr bedenkliche Komplikation der Tuberkulose. Eine Krankheit leistet hier der anderen Vorschub, namentlich unterstützt der Diabetes ganz wesentlich die Fortschritte und die Zerfallsvorgänge der Tuberkulose. Wo es nicht gelingt den Diabetes wirkungsvoll zu bekämpfen, hat die Tuberkulose leichtes Spiel. Die Vergesellschaftung beider Krankheiten ist nach dem Falkensteiner Krankenmaterial mässig häufig.

Die Therapie in ihrem ganzen Ausbau muss in den entsprechenden Monographien nachgelesen werden. Was dort von dem grossen Werte einer an Kohlehydraten nicht zu armen Nahrung gesagt wird, gilt ganz besonders auch bei gleichzeitig bestehender Tuberkulose. Im allgemeinen sind bei umsichtiger Behandlung die Resultate recht befriedigende.

3. Abnorme Fettleibigkeit.

Im ersten Teile dieser Abhandlung wurde schon betont, dass der Zweck der Ernährungstherapie durchaus nicht darin zu suchen ist, möglichst viel Fett anzusammeln. Vielfache Erfahrung zeigt vielmehr, dass Fettleibige meistens eine geringere Resistenz gegen Krankheiten, namentlich auch gegen Tuberkulose haben. Es ist nun aber Thatsache, dass in manchen Fällen nicht nur bei der Besserung oder Heilung der Tuberkulose sondern auch nach andern Infektionskrankheiten, z. B. nach Typhus abdominalis, die rasche Körpergewichtszunahme alles Mass übersteigt. Ich sehe nicht den Weg, dies von vornherein zu verhindern. Kommt aber ein tuberkulöser Kranker mit abnormer Fettleibigkeit zur Behandlung, so erwachsen besondere Schwierigkeiten, falls der wenig widerstandsfähige Patient noch dazu erhöhte Körpertemperatur hat. Bei wirklichem Fieber freilich schmilzt das Fett nur zu schnell zusammen, aber bei ganz leichter Erhebung der Eigenwärme wird die einzuhaltende Ruhe auch bei entsprechender Nahrung das Körpergewicht unliebsam vermehren. Die entsprechende Ernährung hat auf die möglichste Beschränkung der Flüssigkeitszufuhr hinzuarbeiten, man muss förmliche Trockenfütterung anstreben. So bald irgendwie angängig, ist ausgiebige Bewegung am Platze. Man kann stolz sein, wenn man bei erheblicher Abnahme des Körpergewichtes eine wesentliche Besserung der Tuberkulose erreicht hat. Die Dauer dieses Stolzes ist leider meistens nur recht knapp bemessen. Besonders ungünstig ist es, wenn die Stoffwechselstörung der Fettleibigkeit sich mit derjenigen des Diabetes verbündet hat.

4. Skrophulose.

Die Skrophulose deckt sich in ihrer Behandlung wohl ganz mit der der Tuberkulose und Anämie. Grosse Flüssigkeitszufuhr scheint bei den „pastösen" Kleinen recht unangebracht. Für skrophulöse Kinder existieren verschiedene Anstalten namentlich an der See.

5. Syphilis.

Die Diagnose der syphilitischen Erkrankung, wo charakteristische Haut- und Schleimhaut-Erscheinungen fehlen, ist ex juvantibus zu stellen. Namentlich bietet eine syphilitische Lungenerkrankung keine deutlichen Anhaltspunkte für ihre Erkennung. Der physikalische Befund ist vielmehr sehr häufig genau der einer aktiven Tuberkulose. Auch die Temperaturverhältnisse geben keinen Ausschlag. Sind nun vollends Tuberkelbacillen im Auswurfe nachgewiesen, so wird z. B. eine syphilitische Pneumonie eines Oberlappens oft nur zufällig dadurch entdeckt, dass die mässigen Dosen des als Expectorans gegebenen Jodkali in geradezu frappanter Weise ein hohes Fieber, wie es etwa einer croupösen Pneumonie entspricht, das aber unverhältnismässig lange schon bestand, nahezu kritisch abfallen lassen, während sämtliche Antifebrilien einen kaum nennenswerten Einfluss ausübten. Bei weiterer antisyphilitischer Behandlung bilden sich dann die Erscheinungen in auffallend kurzer Zeit zurück. Zuweilen treten während jener Fieberperiode Gummabildungen auf, auch rasch ulcerierende syphilitische Schleimhautinfiltrate am Isthmus faucium, welche der Diagnose zu Hilfe kommen.

Periostgummata scheinen nicht selten der Quecksilber- und Jodbehandlung zu trotzen, sie müssen excidiert werden.

Wo Syphilis und Tuberkulose örtlich zusammentraf, bleibt gewöhnlich nach erfolgreicher Behandlung der Lues die unverfälschte Tuberkulose zurück und harrt der Behandlung. Am ehesten lässt sich natürlich dieser Vorgang in den der Besichtigung zugänglichen oberen Atmungswegen beobachten.

Eine bei Zeiten erkannte und heilbare Syphilis scheint die Prognose der Tuberkulose nicht zu verschlechtern.

Die Komplikation des Carcinoms mit der Tuberkulose ist natürlich von sehr trauriger Bedeutung.

II. Prognose.

Noch vor wenig Jahren galt die Diagnose einer Lungentuberkulose als allmählich zu vollstreckendes Todesurteil; diese Art Prognostiker ist heutzutage noch nicht ausgestorben und wird auch nicht aussterben, solange sie nur das terminale Stadium der Tuberkulose als solche anspricht, alles übrige aber als Katarrhe auffasst.

Die Prognose muss in zwei Teile geschieden werden; der eine betrifft dieselbe während der Behandlung, der andere soll die Chancen während des späteren Lebens erwägen.

A. Prognose während der Behandlung.

Um die folgende Darstellung nicht zu sehr zu complicieren, sei von der Zeit, innerhalb welcher ein gutes Resultat zu erreichen ist, vorerst gar nicht die Rede. Die Hauptfaktoren, aus welchen sich das Produkt der Behandlungsprognose zusammensetzt, werden gebildet durch die Ausdehnung der Erkrankung und deren Anordnung innerhalb der Lunge, durch die Acuität des Processes (Temperaturen!) und durch die Resistenz des betroffenen Individuums.

Der wichtigste der genannten Faktoren ist die Resistenz des Einzelnen, der zweitwichtigste die Acuität der Erkrankung. Da der wichtigste Faktor ausserordentlich schwankt und oft unberechenbar ist, so muss die Prognosenstellung bis zu einem gewissen Grade eine unsichere bleiben.

Der Grad der Resistenz gegen die Lungentuberkulose, ihr negativer Ausdruck wäre die Disposition zu dieser Erkrankung, bestimmt sich aus vererbten und erworbenen Zuständen des Organismus. Es gibt glücklicherweise noch

Familien und ganze Generationsreihen, in welchen irgend eine aktive Äusserung nicht nur der Tuberkulose sondern auch jeder anderen chronischen Krankheit thatsächlich vermißt wird. Bei einem Mitglied eines solchen Geschlechtes, welches unter gewöhnlichen Umständen an Tuberkulose erkrankt, handelt es sich also um erworbene Schwächungen der Resistenz, um temporäre Disposition. Da jedoch solche secundäre Schädigungen zum Teil künftig ganz vermieden oder auf ein ganz kleines Mass eingeschränkt werden können, zum Teil ohne weiteres Zuthun vorübergehen, so hat ein Kranker genannter Art mit wenig Ausnahmen die allerbesten Aussichten einer absoluten oder relativen Heilung.

Ebenfalls noch recht günstige Aussichten hat die Gruppe von Kranken, in deren Ascendenz vor längerer Zeit wohl die Tuberkulose vielleicht sogar in heftigem Grade herrschte, aber sich — wie man annehmen muss — einerseits abgeschwächt, andererseits die jeweiligen Träger zu gunsten der Nachkommen mit Schutzmitteln bedacht hat. In solchen Familien ist wohl Vater und Grossvater oder Mutter und Grossmutter an Tuberkulose schliesslich in vorgerückterem Alter gestorben, die Krankheit aber hat einen verhältnismässig gutartigen Verlauf genommen, den Erkrankten kaum viel belästigt und in der Leistungsfähigkeit kaum beeinträchtigt. Freilich spielt bei dieser Gruppe von Kranken eine erworbene gröbere Schädigung eine ernstere Rolle als bei denen der ersten Gruppe.

Eine dritte Kategorie von Kranken endlich entstammt Familien, in welchen die Tuberkulose noch in voller Aktivität bei mehreren Gliedern besteht. Oft sind beide Eltern in jungen Jahren an akuten Formen der Tuberkulose zu grunde gegangen und von mehreren Geschwistern erkranken die meisten innerhalb bestimmter, jugendlicher, Jahre, um der

Krankheit widerstandslos zu verfallen. Sie kränkeln oft schon von Jugend auf und sind aus skrophulösen und anämischen und chlorotischen Zuständen kaum einmal herausgekommen. Die geringste schädigende Anforderung an den Körper, falls eine solche noch nötig ist, genügt, die Krankheit zum lebhaften Ausbruch zu bringen und die Prognose ganz infaust zu machen.[1])

Dass eine scharfe Trennung genannter Gruppen praktisch nicht existiert, brauche ich nicht weiter zu erörtern.

Die Resistenz aller Kranken erfährt noch eine Beeinflussung durch das Alter. Kinder und eben zur Pubertät sich entwickelnde Personen stehen unter recht ungünstigen Bedingungen, auch ein erzielter guter Erfolg berechtigt noch nicht zu optimistischen Hoffnungen für die Zukunft. Die Widerstandsfähigkeit scheint am grössten zu sein zwischen 30 und 50 Jahren; im späteren Alter pflegt die Tuberkulose selbst schonender und langsamer zu verlaufen.

Man sieht leicht, wie von der Resistenz die beiden andern obengenannten Faktoren der Prognose weitgehend beeinflusst und zum Teil ganz beherrscht werden. So wird im allgemeinen bei jener ersten Kategorie und ähnlich wenigstens bei der zweiten ein tuberkulöser Herd gar oft überhaupt nicht zu einer bedrohlichen Acuität und zu lebensgefährlicher Ausdehnung kommen; es wird eine zeitige Demarcation auftreten, die Körpertemperaturen werden in der

---

[1]) Man hat vielfach beobachtet, dass Kinder, welche durch den frühzeitigen Tod ihrer tuberkulösen Eltern oder aus andern Gründen in Waisenhäusern aufgezogen wurden, sich sehr gut und anscheinend gesund entwickelten. So weit meine eigenen Erfahrungen und solche aus der langen Praxis meines Vaters reichen, sind diese Resultate meist nicht von Dauer gewesen. Namentlich sahen wir, dass besonders Mädchen, welche gewöhnlich schon zur Pubertätszeit in den Dienst hinausgeschickt wurden, sehr bald einer schweren Tuberkulose anheimfallen.

Hauptsache normal sein oder bald werden, und damit ist ja das Wichtigste in der Besserung schon geschehen. Ist die Tuberkulose von vorneherein eine ausgedehnte disseminierte, dann stehen wohl die Chancen aller Kranken in Bezug auf das schliessliche Resultat gleich schlecht. Eine ebenfalls schlechte Prognose geben durchweg die groben Herdtuberkulosen (mit Cavernen) im Unterlappen der Lunge.

Es wurde bisher nur die Tuberkulose für sich allein ins Auge gefasst. Es handelt sich aber recht häufig bei der Tuberkulose um eitrig-entzündliche Prozesse. Nicht die fast selbstverständlichen geringfügigen Eiterungsvorgänge an den tuberkulösen geschwürigen Flächen sind gemeint, sondern die ihrer Heftigkeit nach immerhin noch verschieden schweren destruktiven Processe, welche tuberkulöse Conglomerate und das sie beherbergende Lungengewebe zur Einschmelzung bringen. Erwähnung hat dieser Vorgang schon gefunden Seite 9, 27 u. S. 107 o.

Bei allen destruktiven Vorgängen, namentlich bei den unter hohem Fieber und schweren Allgemeinsymptomen verlaufenden, kommt alles nicht so sehr auf die Ausdehnung der Erkrankung als besonders darauf an, ob diese entzündlichen Processe eine starke Grenze finden oder ob sie scheinbar ohne Widerstand per continuitatem weiterschreiten. Im letzteren Falle ist die Prognose ganz schlecht. Für den ersten Fall aber der schon vor der Einschmelzung vorhandenen oder während derselben sich bildenden Demarcation haben natürlich die resistenteren Kranken auch wieder viel günstigere Chancen als die ganz Widerstandslosen. Während der Dauer dieser kritischen Einschmelzung treten günstigen Falles ganz deutliche perkussorische und auskultatorische Grenzen auf, welche immer schärfer werden; endlich bleibt die Caverne übrig mit dem leicht kenntlichen entzündlichen

Abgrenzungswall. Hat eine zuverlässige Abgrenzung stattgefunden, so lässt, trotz noch im Gang befindlichen eitrigen Zerfalls innerhalb des abgegrenzten Gebietes, die fieberhafte Temperatur nach, um nach längere Zeit anhaltenden subfebrilen Steigerungen endlich wieder normal zu werden. Dann erst ist der Kranke ausser aller Gefahr. Tritt keine Abgrenzung auf, so bleibt das Fieber hoch, oft verschieben sich die Maxima auf Morgens, schliesslich werden die Schwankungen ganz irregulär, und unter schweren Symptomen dehnt sich die heftige eitrige Entzündung immer weiter aus, bis der erschöpfte Patient erliegt. Da und dort allerdings sieht man, dass nach monatelangem Fiebern die ganze Sache noch einen befriedigenden Verlauf nimmt. In solchen Fällen werden die Temperaturschwankungen wieder regelmässig, die Maxima werden meist wieder auf Nachmittags oder Abends verlegt. Man kann diese Erscheinung manchmal prognostisch verwerten.

Bei allen schwereren Störungen aber gilt für alle Kranke: Schlechte Nahrungsaufnahme verschlechtert die Prognose, sehr gute reichliche Ernährung bessert sie. Die Prognose wird ferner verschieden stark getrübt durch gleichzeitig bestehende und zutretende verschieden schwere Komplikationen, besonders auch durch die bei der Destruktion leicht möglichen Blutungen.

Hat ein Kranker glücklich einen Einschmelzungsprocess völlig überstanden, so ist weiterhin die Prognose trotz eines oder zweier cavernöser Oberlappen günstig, sie ist sogar vielfach günstiger, als wenn der Kranke immer noch ein grosses Conglomerat von tuberkulösen Herden mit sich herumschleppt; denn in solchen Fällen droht die Einschmelzung noch für lange Zeit. Man traue besonders jenen Kranken nicht, welche trotz aller Fürsorge bei ungenügendem Ernährungszustande in langen Wochen keine wesentliche Zunahme des Körpergewichts erfahren, und welche trotz befriedigenden Lungenbefundes Körpertemperaturen bis 37,3, 37,4 aufweisen. Selbst wenn diese Erscheinungen monatelang sich ganz unverändert halten und das Allgemeinbefinden ein gutes ist, ist die Prognose nicht günstig. Nur zu oft erlebt man, dass nach vier ja sechs Monaten solch unsicherer Zustände die Tuberkulose energischere Fortschritte macht oder eine ganz ausgedehnte eitrige Entzündung zu einem traurigen Ende führt.

Wenn nun eine Destruktion in ihrem Verlaufe zum mindesten lange Wochen braucht, wenn ihr Eintritt erst im Verlaufe einer vielleicht schon längeren Behandlung erfolgt, wenn endlich es meistens unmöglich ist, vorauszusagen, bei welchen Infiltraten jene Destruktion auftreten wird, so, glaube ich, muss das Bestreben Mancher gleich in den ersten vierzehn Tagen oder gar nach einer Untersuchung eine Prognose stellen zu wollen, wunderlich erscheinen. Ja selbst wenn man sicher wäre, es kann keine Destruktion auftreten, wie will man nach einer Untersuchung oder ein paar Tagen Beobachtung voraussagen, ob ein tuberkulöser Process sich abgrenzen oder weitergreifen wird? Auch bei der geringsten tuberkulösen Affektion und bei der scheinbar grössten Resistenz eines Kranken kann nach kurzer Beobachtung nur die Vermutung und Hoffnung ausgesprochen werden, es werde alles günstig verlaufen, unter Verklausulierung mit Wenn und Aber. Wer nun aber gar sich vermisst, ohne mehrwöchige Temperaturmessungen eine Prognose, vielleicht noch mit dem Zeitpunkte der Heilung, stellen zu können, oder ein Nichterkranktsein oder Geheiltsein zu konstatieren, der handelt in Leichtsinn oder Ignoranz. Ein ähnliches Urteil trifft den Arzt, der seine Kranken förmliche Programmreisen ausführen lässt: Der Patient gibt an einem oder mehreren vom Arzte vorausbestimmten Orten nur ein Gastspiel von vorausbestimmter Dauer, durchschnittlich vier bis sechs Wochen.

Die wichtigsten objektiven Zeichen für eine günstige Prognose sind, um es kurz zu wiederholen, gute Abgrenzung des tuberkulösen Gebietes und dauernd völlig normale Temperatur.

Ist es, wie man sieht, recht schwer, eine brauchbare Prognose für den Einzelfall zu stellen, für die grosse Masse der Kranken ist das viel leichter: Von den Widerstandsfähigen haben die ganz leicht Kranken sehr gute Aussichten auf absolute und relative Heilung; die mittelschweren Fälle (beide Oberlappen z. B. erkrankt) haben für eine absolute Heilung im allgemeinen keine Aussichten, für eine relative Heilung oder ein Beschränktbleiben des Processes zweifelhafte, doch mehr nach der günstigen Seite neigende Aussichten. Die ganz schwer Erkrankten haben Aussichten auf zeitweilige Besserung, nur selten auf ein thatsächliches Beschränktbleiben der Krankheit.

Nochmals sei daran erinnert, dass nicht die Ausdehnung der Lungentuberkulose die Hauptrolle spielt bei der Prognosenstellung, sondern die beiden schon oben genannten Faktoren. Aus diesem Grunde ist es gerade für die Volksheilstätten sehr dringend zu empfehlen, ein schon von amerikanischer Seite gegebenes Beispiel nachzuahmen, nämlich ein Beobachtungshaus zu errichten, in welchem dann über die definitive Aufnahme in die zuständige Heilstätte erst entschieden wird.

Fasst man die Prognose der Lungentuberkulose ganz allgemein, so wird man in Anbetracht der Thatsache, dass die Mehrzahl der Kranken zu den ersten beiden der oben aufgestellten Kategorien gehören, diese Prognose als günstig zu bezeichnen haben. Je früher aber auf die Tuberkulose Rücksicht genommen und je mehr Zeit auf sie verwendet wird, um so günstiger werden gewöhnlich auch die Aussichten. Natürlich spielt hierbei das Geld eine hervorragende Rolle, doch muss betont werden, dass auch mit bescheidenen Mitteln das Bestmögliche erreicht werden kann.

Zur Klärung der Prognosenstellung hat man ausgedehnte statistische Erhebungen gepflogen und pflegt sie noch. So dankenswert diese Bemühungen sind, ihr praktisches Resultat kann ich vorerst nicht sehr hoch bewerten. Denn die Fähigkeiten der Untersucher und Beobachter sind von einer ungeahnten Verschiedenheit. Wo der eine mit Sicherheit eine Oberlappentuberkulose mit schon vorhandenen Defekten findet, findet ein anderer „nichts Sicheres“ und verlangt sehnlich nach der Tuberkulininjektion oder einem sichereren specifischen Reagens. Ich entziehe mich der undankbaren Aufzählung markanter Beispiele von irrigen Erfolgen und Heilungen. Es ist mir nicht möglich, einen prognostischen Nutzen zu ziehen aus Angaben von „Heilungen“, „Besserungen“, so lange zwischen verschiedenen Beobachtern unter scheinbar ähnlichem Material so enorme Procentdifferenzen herrschen, wie bislang zu lesen war. Ein kritischer Schluss auf die Güte einer specifischen Behandlungsmethode ist aus den bisherigen Statistiken erst recht nicht zulässig.

Im Interesse einer Einheit wenigstens des Schematismus der Statistik möchte ich die Vergleichsnormen, wie Turban sie angegeben hat, als die z. Z. am ehesten brauchbaren empfehlen.

B. Prognose im späteren Leben.

Wenn man zu der Einsicht gekommen ist, dass einem Kranken ein Anstaltsaufenthalt keinen Nutzen mehr bringt, weil er eben zu schwer krank ist, dann schicke man ihn in ein heimisches Krankenhaus oder nach hause zu seiner Familie. Nur wenn er es sich in den Kopf gesetzt hat, „nach Süden" zu gehen, so lasse man ihn, im Fall er zu einer längeren Reise noch befähigt erscheint, ruhig nach Süden ziehen, vorausgesetzt, dass die Familie keine fühlbare pekuniäre Schädigung erleidet. Der Kranke mag dann, so weit er kann, seiner Bequemlichkeit und Liebhaberei leben. Dass aber in eine Lungenheilanstalt noch Schwerkranke geschickt werden, welche nach wenig Tagen, ja einigen Stunden dort sterben, sollte doch nicht vorkommen!

Verlässt aber die Anstalt ein Kranker, der das beste zu erwartende oder wenigstens ein günstiges Resultat erreicht hat, oder der wenigstens auf einen gefahrlosen Weg geleitet erscheint, dann gebe man ihm zur Fortsetzung eines zweckdienlichen Lebens die erforderlichen Ratschläge, betone aber, besonders dem vorerst als geheilt zu Betrachtenden gegenüber, mit aller Energie die unumgängliche Notwendigkeit, das erreichte Resultat festzuhalten. Der Kranke, der unter Heilung und Besserung seiner Tuberkulose etwas ganz anderes versteht als der Arzt, hält sich für den gesunden Menschen, der schliesslich thun und lassen kann, was er will. Er muss dahin aufgeklärt werden, dass ein auch für Monate konstantes Fehlen aller Krankheitserscheinungen nicht so anzusehen ist wie eine Heilung z. B. nach akuter Lungenentzündung, er muß das Bewusstsein bekommen, dass der noch in ihm befindliche wenn auch nunmehr abgeschlossene oder gegen die Umgebung abgegrenzte Krankheitsherd bei jeder den Patienten schwächenden Gelegenheit von neuem seine Aktivität aufnehmen kann. Der Patient gehe von dem Arzte mit der Ueberzeugung fort, dass er auch im günstigsten Falle noch für lange Monate die Rolle des Reconvalescenten spielt, dass er beim besten Verlaufe der Dinge vor Ablauf eines Jahres, in welchem nicht die allergeringsten Unregelmässigkeiten in seinem Zustande aufgetreten sind, sich nicht als gesund betrachten kann, dass er sich vielmehr von Zeit zu Zeit immer wieder einem geübten Untersucher zur Begutachtung unterstellen muss, dass er ohne dauernde Rücksicht auf seine Gesundheit überhaupt nicht leben darf. Es versteht sich von selbst, dass diese Vorsichten, ja dass die Fortführung der günstig gewesenen Behandlung in noch höherem Masse bei noch unsicherem Erfolge gelten. Bei halbwegs verständigen Patienten wird das erreichte gute Resultat ein mindestens für lange Jahre anhaltendes sein.

Falls der Kranke aber, wenn auch erst nach Jahr und Tag eine Arbeit wieder aufnehmen soll, die unter allen Umständen gesundheitsschädigend wirkt, muss er versuchen, seinen bisherigen Beruf gegen einen günstigeren zu vertauschen.

Wenn nach der minimalen Zeit von 3—4 Monaten auch der leichtest Kranke einer Volksheilstätte seinen meistens überanstrengenden Beruf bei noch dazu ungünstigen Wohnungs- und Ernährungsverhältnissen wieder in ganzem Umfange aufnehmen soll, wer kann da erstaunt sein über die kurze Dauer des in der Anstalt erzielten günstigen Erfolges? So Gutes die Volksheilstätten leisten können, ihr Nutzen wird problematisch und ihr Ansehen und das der Behandlungsmethode wird diskreditiert, wenn man in den massgebenden Kreisen sich nicht entschliessen kann, den unabänderlichen Eigentümlichkeiten der Tuberkulose viel mehr als bisher Rechnung zu tragen, indem man vor allen Dingen die Zeit des Anstaltsaufenthaltes gerade für die aussichtsvollen Fälle mindestens nochmal so lange bemisst. Die grössere Anzahl der die Anstalt passierenden Arbeiter ersetzt doch niemandem, am wenigsten den Arbeitern selbst die mangelhaften Erfolge. Es ist die Humanität deplaciert, welche den schwerer Kranken zu liebe den aussichtsreichen leicht Kranken die Plätze wegnimmt.

Was aber im Leben ausserhalb der Anstalt die Dauer des erreichten Resultates in Frage stellt, das ist nicht blos die berufliche Arbeit, sondern auch alle aus Liebhaberei betriebene Arbeit. Wer nicht für ein paar Jahre alles, was nach Sport aussieht, völlig meiden und auch für alle weitere Zeit sich nicht von den Übertreibungen, wie sie jeder Sport so leicht mit sich bringt, fernhalten kann, beklage sich nicht über Wiederausbruch seiner vorher geheilten oder Verschlechterung seiner befriedigend gebessert gewesenen Tuberkulose. Denn dass nach zwei und mehr Jahre bestandener Heilung eine neuerlich in die Erscheinung tretende Tuberkulose einen neuen Vorschub der alten Affektion, nicht aber eine Neu-Infection bedeute, ist wohl allen klinischen Beobachtern kaum zweifelhaft.

Man hat in manchen Staaten daran gedacht, den Tuberkulösen das Heiraten zu verbieten. Dieser Vorschlag ist, wie jede versuchsweise Vorstellung seiner Durchführung sofort nach allen Richtungen zeigt, einfach als gedankenlos zu bezeichnen. Er ist im Interesse einer gesunden Nachkommenschaft aufgetaucht. Richtiger ist es darüber zu sprechen, ob und wann es sich mit dem Interesse der jetzt lebenden Tuberkulösen verträgt zu heiraten. Der Arzt wird, sofern er überhaupt darum gefragt wird, auch beim besten

Allgemeinzustande der Betreffenden, die Heirat so weit wie möglich hinauszuschieben suchen und ganz besonders auf die ausserordentlichen Gefahren einer Mutterschaft hinweisen. Die Entscheidung im Einzelfalle ist von so vielen Umständen, nicht zum mindesten von Vermögensverhältnissen, abhängig, dass sich kaum allgemein brauchbare Gesichtspunkte aufstellen lassen.

Anhang.

A. Klima.

Wenn auch glücklicherweise die Behandlung der Lungentuberkulose vom Klima ziemlich unabhängig ist, so wird man selbstverständlich für eine Heilanstalt einen Platz wählen, der möglichst günstige klimatische Bedingungen bietet. Damit ist aber nicht ein mildes, warmes Klima gemeint; im Gegenteil ist Wert darauf zu legen, dass Temperatur- und Wind-Verhältnisse einen erfrischenden, stimulierenden Einfluss auf den Kranken ausüben. Zu rauh, zu feucht aber soll die zu wählende Gegend nicht sein in Rücksicht auf die complicierenden Bronchitiden. Die Notwendigkeit, reine, unverbrauchte Luft zu haben, bringt es mit sich, Heilstätten nicht in ein schlecht ventiliertes übervölkertes Thal, sondern auf ein hügeliges von reinen Winden bestrichenes waldreiches Terrain zu verlegen. Eine bestimmte Höhe der Lage aber vorzuschreiben und von ihr überhaupt die Möglichkeit einer zweckmässigen erfolgreichen Behandlung abhängig zu machen, sei den befangenen Gemütern überlassen, welche sich von dem liebgewordenen Steckenpferde ausgeschliffener Ideen nicht zu trennen vermögen.

Für Sanatorien sehr geeignete Plätze finden sich daher im Mittel- und Hochgebirge. Welches von beiden besser sei, ist wohl schwer zu entscheiden; zu gunsten des Hochgebirges spricht die häufigere Sonnenbestrahlung und die grössere Ferne von schädlichen Betrieben und Fabrikschloten. Leider rücken aber schon da und dort diese Fabriken und Betriebe den Sanatorien nach bis hoch herauf in die Berge. Dass von einer gewissen Höhe ab eine immune Zone herrsche, braucht wohl nicht mehr widerlegt zu werden. Wo keine Menschen mehr wohnen, hört schliesslich auch die menschliche Tuberkulose auf. Dass das Hochgebirgsklima für Lungentuberkulose eine „Indikation", für Kehlkopftuberkulose eine „Contraindikation" bilde, ist wohl nur auf recht ungenaue Beobachtungen oder auf schlechten Willen zur Beherbergung und Behandlung mancher Kranken zurückzuführen. Ein besonderer Vorteil des Hochgebirges sollte nun die Vermehrung der roten Blutkörperchen sein, welche sich in den ersten Tagen vollziehe. Ich will mich hier in keinerlei Controversen einlassen. Wer viel und mit möglichster Genauigkeit einschlägige Untersuchungen gemacht hat, weiss, dass ein wirklich fehlerfreies Arbeiten nicht möglich ist. Die kleinsten Fehler aber — auf Rechnung des Apparates oder des Untersuchers — werden ja gleich ins Unendliche multipliciert. Eine annähernde Genauigkeit käme nur zu stande bei derartig vervielfachten Untersuchungen, wie sie wohl kein Patient sich gefallen liesse, selbst wenn der Untersucher und die zu untersuchenden Veränderungen den nötigen Zeitaufwand erlaubten. Ich bin aber weit davon entfernt, die von verschiedenen Seiten festgestellte Vermehrung der roten Blutkörperchen in Zweifel zu ziehen, es fragt sich nur, ob sie einen Vorteil für den Kranken bringt. Wenn sie besteht, muss sie gewiss eine Ursache haben. Es liegt nicht fern, folgende Erwägungen anzustellen. Bei der erheblichen Abnahme des Luftdruckes in einer Höhe von beispielsweise 1500—1800 m ist es physikalisch notwendig, dass der Gasaustausch zum mindesten der physikalisch gebundenen und zu bindenden Gasmengen eine Veränderung erleidet. Die Kohlensäure wird leichter entweichen, während die Aufnahme des Sauerstoffes quantitativ weniger gut vor sich geht. Man kann nun in der als Thatsache angenommenen Vermehrung der roten Blutkörperchen eine sehr notwendige Korrektionserscheinung sehen, insofern als durch Vermehrung der bindenden Medien ausgeglichen würde, was infolge verminderten Gasdruckes verloren ginge. Einen positiven Vorteil böte dann die Vermehrung der roten Blutkörperchen gewiss nicht. —

B. Anstaltshygiene.

Es gibt so viele Leute, unter ihnen gerade Ärzte, welche förmliche Angst vor einer Lungenheilanstalt haben und sich scheuen, ihre Patienten, wenn die Tuberkulose denselben nicht schon vom Gesicht zu lesen ist, dorthin zu schicken, dass es nicht überflüssig erscheint, in aller Kürze hier auch das Selbstverständliche zu erwähnen.

Die neuen Sanatorien werden nach den vorzüglichen hygienischen Praktiken gebaut und eingerichtet, durch welche alle modernen allgemeinen Krankenhäuser sich auszeichnen, und die älteren Sanatorien machen sich diese neuen Errungenschaften in ihren älteren Gebäuden zu nutze. Was die Lungenheilanstalten noch in besonderem Masse zu berücksichtigen haben, das ist die Unschädlichmachung des infektiösen Auswurfs. Der Auswurf wird in Spuckgefässen gesammelt und verbrannt, die Kranken sind bei Strafe der

Entlassung gehalten, den Auswurf nur in die Spuckgefässe und nie weder im Hause noch im Freien auf den Boden zu entleeren. Es erscheint am zweckmässigsten, die Spuckgefässe aus verbrennbarem Material anzufertigen und die Standgefässe mit Sägespähnen oder einem Gemisch von Kaffeesatz und Salpeter zu füllen, so dass keine weitere Manipulation mehr nötig ist, als dieselben in eine grosse Kesselfeuerung oder einen besonders dazu vorhandenen Ofen zu werfen. Die bisher noch am meisten gebräuchlichen Stand- und Taschenspuckgefässe aus Glas und Metall sollten alle Tage ausgekocht oder in strömendem Dampfe sterilisiert werden. Vielleicht ersetzt man zu diesem Zwecke irgend welche Gummiteile der Spuckflasche durch Durit, der die erforderliche Hitze vertragen soll. Die älteste und immer noch beste Taschenspuckflasche ist wohl die von Dettweiler konstruierte.

Ferner werden sämmtliche Löffel und Gabeln, weil sie in den Mund geführt werden, am besten durch Kochen in Soda- oder Seifenlösung gereinigt. Dass die Leib- und Bettwäsche durch Kochen desinficiert wird, bedarf keiner näheren Erörterung; die Kissen, Polster und Matratzen aber des Kranken werden durch Formalin-Dämpfe und strömenden Wasserdampf sterilisiert und durch heisse trockne Luft wieder getrocknet. Die Schränke, Schubladen und das ganze Zimmer werden, abgesehen von der nachfolgenden üblichen Reinigung, nach der Breslauer Methode durch Formalindämpfe behandelt. Die zu diesem Zwecke auszuführende Verschliessung auch des kleinsten Spaltes ist mit Watte nur unvollkommen auszuführen und erfordert gar zu viel Zeit. Wir verschliessen deshalb, was wohl auch schon anderweitig geübt wird, alles durch bekleisterte Papierstreifen, welche völlig gasdicht für die erforderliche Zeit halten. Diese

Oberflächendesinfektion des Zimmers richtet sich mehr gegen die gefährlicheren Eiterbakterien als gegen Tuberkelbacillen.

Bei einiger Überlegung und Kenntnis der Verhältnisse ist wohl nicht schwer einzusehen, dass für die furchtsamen Infektionisten jeder dem öffentlichen Verkehr dienende Wagen, jedes dem öffentlichen Verkehr dienende Lokal gefährlicher ist als eine gut geleitete Lungenheilanstalt.

MIX
Papier | Fördert gute Waldnutzung
FSC® C083411

Zeitfracht Medien GmbH
Ferdinand-Jühlke-Straße 7
99095 Erfurt, Deutschland
produktsicherheit@kolibri360.de